零起点
DeepSeek实操基础与AI应用

刘江 著

清华大学出版社
北京

内 容 简 介

本书是一本面向 AI 初学者的实用指南。本书系统介绍了 DeepSeek 等主流 AI 工具的功能与应用，涵盖从入门配置到进阶技巧的全流程操作。内容分为九章，包括 DeepSeek 快速入门、解决学习问题（从小学到大学）、教师教学增效、家长辅导与情感引导、高考志愿与职业规划、职场效率提升、创作与展示、健康管理与智能旅行、增收与就业（AI 赋能新机会）。本书结合大量实例，如智能备课、论文辅助创作、职业测评、PPT 生成等，并拓展 AI 工具在文生图及图像处理、视频生成与剪辑、数字人制作、智能体开发、知识库创建等多个方面的应用，从而进一步拓展读者的学习兴趣并涉猎不同领域。

本书旨在帮助读者快速掌握 DeepSeek 工具及其他 AI 技术，并快速提升学习、工作和生活效率。本书适合没有任何基础的读者学习 AI 知识和相关应用，同时适合学生、教师、家长及职场人士阅读。

本书封面贴有清华大学出版社防伪标签，无标签者不得销售。
版权所有，侵权必究。举报：010-62782989，beiqinquan@tup.tsinghua.edu.cn。

图书在版编目（CIP）数据

零起点DeepSeek实操基础与AI应用 / 刘江著.
北京：清华大学出版社，2025.6. -- ISBN 978-7-302-69536-3

Ⅰ. TP18
中国国家版本馆 CIP 数据核字第 2025C6Q129 号

责任编辑：张龙卿
封面设计：刘代书
责任校对：刘　静
责任印制：杨　艳

出版发行：清华大学出版社
网　　　址：https://www.tup.com.cn, https://www.wqxuetang.com
地　　　址：北京清华大学学研大厦 A 座　　邮　编：100084
社 总 机：010-83470000　　邮　购：010-62786544
投稿与读者服务：010-62776969, c-service@tup.tsinghua.edu.cn
质量反馈：010-62772015, zhiliang@tup.tsinghua.edu.cn
课件下载：https://www.tup.com.cn, 010-83470410
印 装 者：大厂回族自治县彩虹印刷有限公司
经　　销：全国新华书店
开　　本：185mm×260mm　　印　张：15.25　　插　页：4　　字　数：343 千字
版　　次：2025 年 6 月第 1 版　　　　　　　　印　次：2025 年 6 月第 1 次印刷
定　　价：79.80 元

产品编号：112899-01

本书部分图片及视频静帧（全部由 AI 生成）

长颈鹿 Giraffe	犀牛 Rhinoceros	大象 Elephant
老虎 Tiger	狮子 Lion	北极熊 Polar Bear

刻舟求剑

古代楚人身汉服站在木船上，手扶腰间青铜剑，江面微流，其他乘客静坐

宝剑从楚人腰间滑落，溅起水花，楚人瞪眼伸手想抓

追捕大盗 ★得分：70
+10 分!

《登鹳雀楼》 王之涣

白日依山尽

黄河入海流

欲穷千里目

更上一层楼

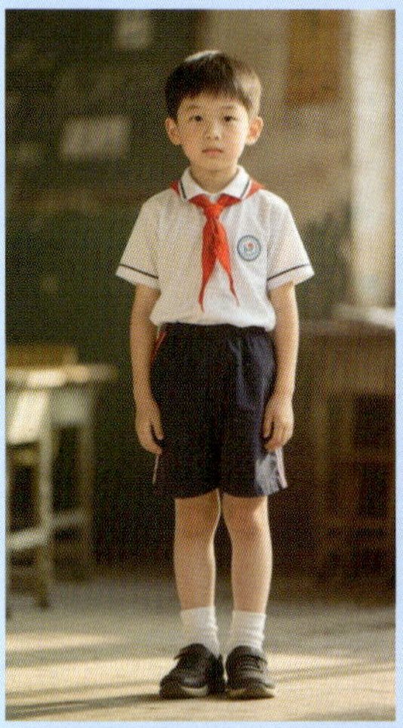
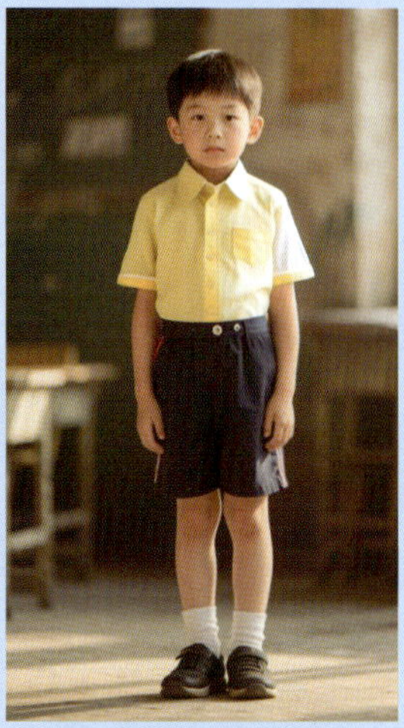
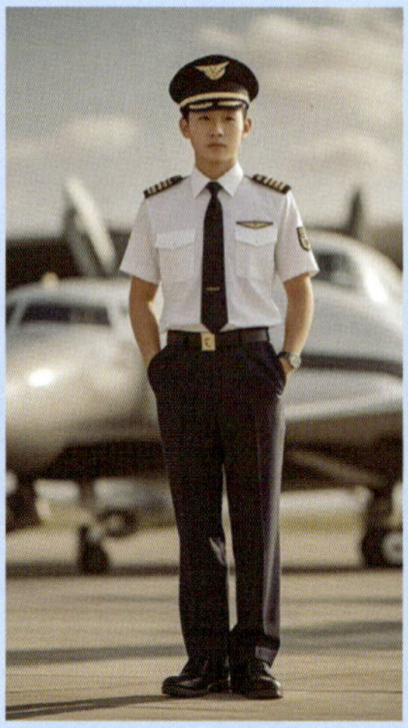
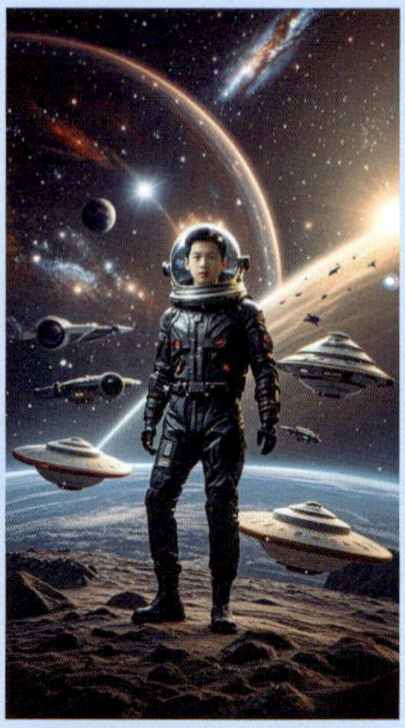
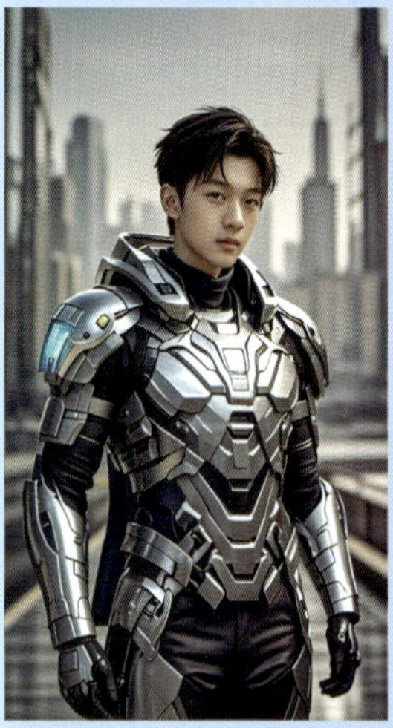
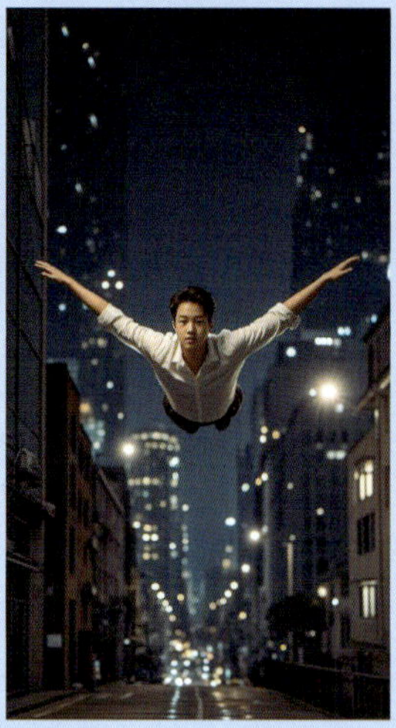
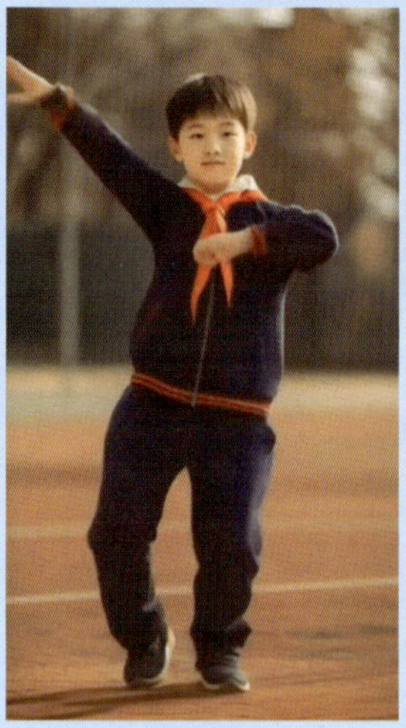
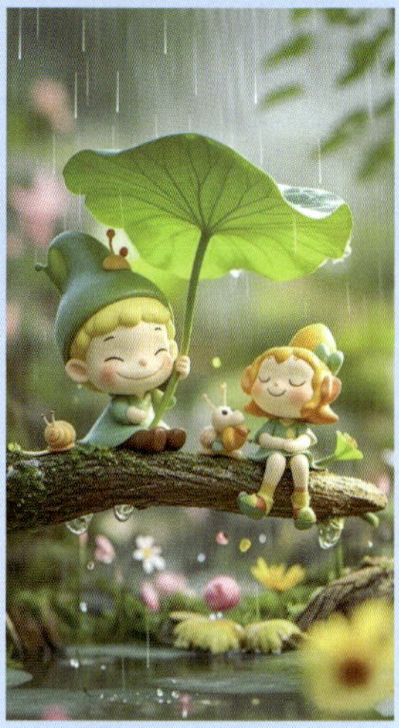
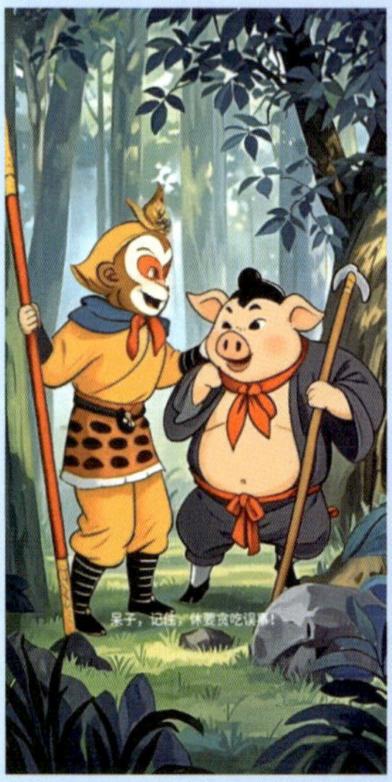
呆子，记住，休要贪吃误事！
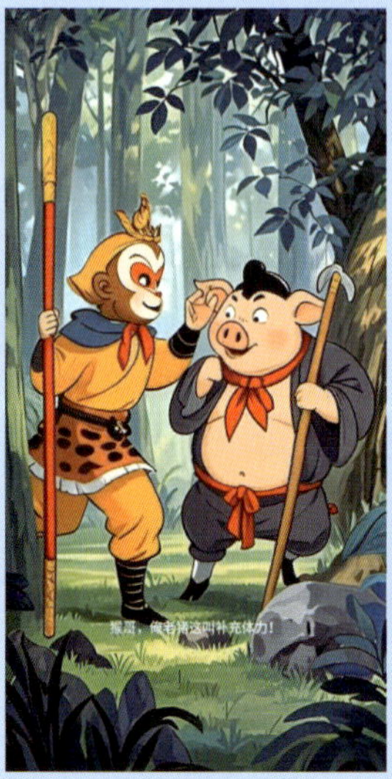
猴哥，俺老猪这叫补充体力！
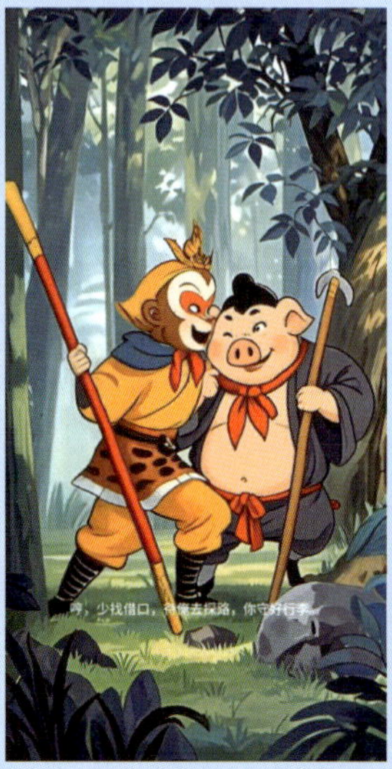
哼，少找借口，俺去探路，你守好行李。
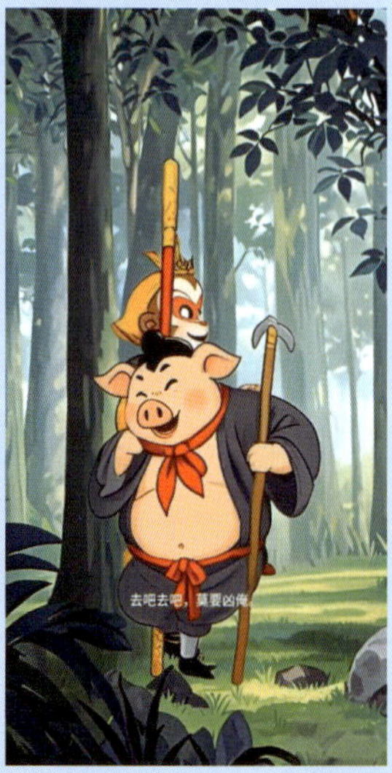
去吧去吧，莫要凶俺。

小强吐吐舌头:"我才不怕呢!"说完就往公园跑。

"小狗,你怎么在这儿?"小强蹲下来摸摸它的头。

远江国际IMAX影城
代金券 ¥50
限暑期档电影　使用时间:2025年7月28日-8月28日

优惠券使用说明:
- 此优惠券不找零,不兑现
- 每位顾客限使用一次,不可叠加使用
- 此券为暑期专属优惠券,仅限暑期活动期间使用
- 本券最终解释权归本影城所有

宋神宗年间 苏轼被贬黄州

次日 瓜农寻至草堂 "大人 瓜卖光了"

苏轼大笑 "诗在肚里 瓜在口中"

泉城济南欢迎您

泉城济南欢迎您

作为"天下第一泉"趵突泉三股清泉昼夜喷涌

藏着老济南的市井温情

珠玑翻涌 柳影摇波 气泡遇阳光折射幻化七彩

一城山色半城湖 莲舟划过 惊醒了水墨丹青

黄河奔流 双峰对望 烟雨晕染出赵孟頫的笔意

地质奇观与人文遗迹在此完美交融

泉水叮咚中似诗人在吟诵

曲水亭街泉水潺潺流过 青石板上 泉水漫过脚边

豪放派与婉约派的吟诵穿越时空对话

经十路两侧"山"字形高楼群在夜间化作光幕画布

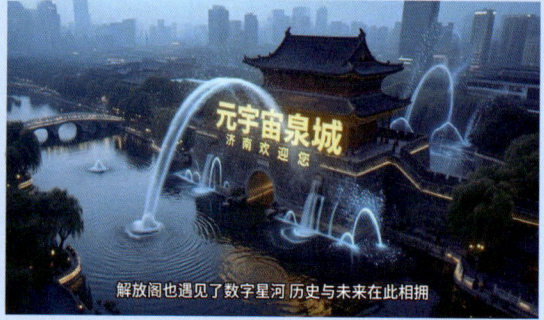

年轻的身影正刷新城市加速度 | 解放阁也遇见了数字星河 历史与未来在此相拥

THE END 感谢观看

目 录 CONTENT

01 智能家居应用场景
02 医疗健康服务优化
03 交通出行智能革新
04 教育学习模式升级
05 金融服务效率提升
06 娱乐媒体内容创新

医疗影像智能分析

三维重建诊断
采用深度学习算法的CT/MRI影像分析系统，能自动完成器官三维重建和病灶体积测算，在肿瘤疗效评估中提供比人工测量更精确的量化数据。

多模态影像融合
AI系统可将PET-CT、超声弹性成像等不同模态的影像特征进行智能融合，显著提高前列腺癌等疾病的定位准确性。

急诊影像优先处理
在放射科PACS系统中，AI能自动识别气胸、脑出血等危急征象，实现急诊病例的智能分级和优先处理，缩短抢救等待时间。

前言

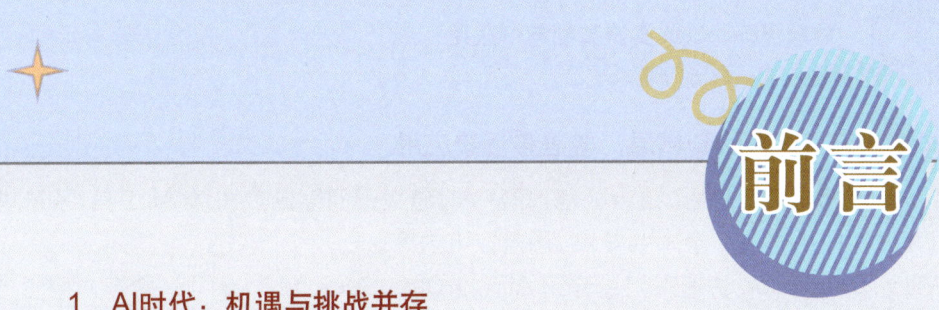

1．AI时代：机遇与挑战并存

近年来，AI（人工智能）技术迅猛发展，深刻改变了我们的学习、工作和生活方式。从 ChatGPT 的爆火到 DeepSeek、豆包、通义千问等国产 AI 工具的崛起，AI 已不再是遥不可及的高科技，而是逐渐成为每个人触手可及的智能助手。无论是学生、教师、职场人士，还是家长、创业者，掌握 AI 工具的使用方法，都能极大提升工作和学习效率，拓展个人能力，甚至创造新的职业机会。

然而，面对层出不穷的 AI 应用，许多人仍然感到困惑：如何选择合适的工具？如何高效利用 AI 解决实际问题？如何避免"AI 幻觉"带来的误导？这些问题正是本书要为读者解答的。

2．AI发展背景：从专业工具到全民应用

AI 的发展经历了从实验室研究到商业落地的过程。早期的 AI 主要用于科研和工业领域，如计算机视觉、语音识别等；而随着大语言模型的突破，AI 开始走进普通人的生活。如今，AI 不仅能辅助写作、编程及进行数据分析，还能生成图片、视频、音乐，甚至参与决策制定。

在国内，DeepSeek、豆包、通义千问等 AI 工具凭借强大的本地化能力和中文理解优势，迅速成为用户的新选择。这些工具不仅能帮助用户完成日常任务，还能针对教育、职场、创作等场景提供个性化解决方案。例如，教师可以用 AI 快速生成课件，学生可以用 AI 辅助解题，职场人士可以用 AI 优化工作流程，自媒体创作者可以用 AI 生成爆款内容。

3．掌握AI的好处：提升效率，拓展可能

学习 AI 工具的核心价值在于以下方面。

（1）提高学习效率——AI 可以快速解答问题，整理知识框架，生成学习计划，帮助学生更高效地掌握知识。

（2）优化工作流程——AI 能自动生成会议纪要，分析数据，制作 PPT，让职场人士专注于更有价值的工作。

（3）激发创造力——AI 辅助写作、绘画、视频剪辑，降低技术门槛，让普通人也能轻松实现创意表达。

（4）辅助决策——无论是高考志愿填报、职业规划，还是投资分析，AI 都能提供数据支持，帮助用户做出更明智的选择。

然而，AI 并非万能，它需要正确的引导和合理的应用。本书不仅介绍 AI 的强大功能，也会提醒读者注意 AI 的局限性（如可能生成错误信息的"幻觉"问题），并给出实用的避坑指南。

4. 本书内容：从入门到精通，覆盖多场景应用

本书以 DeepSeek 为核心，结合豆包、即梦 AI、通义千问等国内主流 AI 工具，系统讲解 AI 在不同领域的应用方法。全书共 9 章，涵盖以下内容。

第 1 章为 DeepSeek 快速入门：介绍 AI（以 DeepSeek 为主，余同）的基本概念与安装配置，详解主界面操作及提示词技巧，帮助读者快速上手。

第 2 章为解决学习问题（从小学到大学）：介绍 AI 如何辅助人们进行数学解题、英语单词记忆、作文写作、论文研究，甚至生成小游戏。

第 3 章为教师教学增效：介绍 AI 如何辅助教师智能备课、批改作业、分析学生行为，并生成教学视频和创建辅导智能体。

第 4 章为家长辅导与情感引导：介绍 AI 如何帮助家长制订学习计划，推荐书籍，并提供亲子沟通模拟、情绪分析支持。

第 5 章为高考志愿与职业规划：利用 AI 分析分数排名，智能推荐院校专业，并结合职业兴趣测评规划未来发展路径。

第 6 章为职场效率提升：介绍用 AI 进行会议纪要自动生成、邮件模板优化、数据分析进阶，并介绍了数字人技术的应用。

第 7 章为创作与展示：介绍如何利用 AI 自动生成 PPT、文案优化、创作品牌故事，并介绍如百度 AI、海螺 AI、Vidu 等工具的创意应用。

第 8 章为健康管理与智能旅行：介绍如何用 AI 订制健康饮食计划及生成旅行攻略，并讲解了剪映蒙版等视频剪辑技巧。

第 9 章为增收与就业（AI 赋能新机会）：介绍如何用 AI 助力人们进行短视频创作、自媒体运营，以及如何进行副业增收，并提供电商文案、海报设计等实用案例。

此外，每章末尾设有"兴趣拓展"环节，介绍 AI 在文生图、视频剪辑、智能体开发等多个方面的趣味应用，让学习过程更加生动有趣。

5. 致读者：共同探索AI的无限可能

本书作为一本面向零基础读者的 DeepSeek 及 AI 实操指南，力求语言通俗、案例实用，让每位读者都能轻松入门并快速应用。尽管 AI 技术日新月异，但本书的核心逻辑——如何高效利用 AI 解决问题——将长期适用。

由于 AI 领域发展迅速，书中部分工具的界面或功能可能随版本更新有所调整，建议读者结合官方最新文档灵活调整使用方法。另外，本书是多人集体合作的成果，王萍、孙豪星、吴莉、邵士媛、徐杰、张战军等参与了编写工作，马欣、李苏鸣、何宁整理了部分素材，在此对他们表示感谢。因时间仓促与编者水平有限，书中难免存在不足之处，恳请广大读者和同行专家不吝指正，以便进一步修订完善。

希望本书能成为您探索 AI 世界的实用手册，助力您在智能时代把握机遇，实现个人能力的跃迁！

编　者
2025年5月

目录

第1章　DeepSeek快速入门 / 1
　1.1　DeepSeek简介 / 1
　1.2　安装与配置 / 3
　1.3　认识主界面并快速入门 / 4
　1.4　了解DeepSeek的使用技巧 / 8
　1.5　国内常用AI工具的优缺点和应用场景 / 9
　1.6　DeepSeek提示词应用技巧 / 10
　1.7　常见问题与避坑指南 / 13
　1.8　AI浪潮下的个人学习跃迁 / 15
　1.9　认识AI"幻觉" / 16
　1.10　兴趣拓展：用DeepSeek结合豆包、即梦AI、可灵AI实现文生图 / 17
　　　1.10.1　基础图像生成 / 18
　　　1.10.2　创意性及实用型图像的生成 / 21

第2章　解决学习问题（从小学到大学） / 32
　2.1　中小学学习辅导 / 32
　　　2.1.1　数学：动态拆解应用题 / 32
　　　2.1.2　英语：快速记忆单词 / 34
　　　2.1.3　语文：作文框架生成与素材推荐 / 36
　2.2　大学学习与研究 / 38
　　　2.2.1　论文写作辅助 / 38
　　　2.2.2　代码生成与调试 / 41
　2.3　兴趣拓展：用AI工具形成系列诗句配图并创作网页小游戏 / 44
　　　2.3.1　用DeepSeek结合豆包实现系列图文 / 44
　　　2.3.1　用DeepSeek快速生成警察抓小偷的游戏 / 48

2.3.2 警察抓小偷游戏
3.3.1《登鹳雀楼》
4.3.1 漓江风景
4.3.2 抠像效果
6.3.1 动作模仿
6.3.1 女生唱歌
6.3.1 数字人对口型
6.3.1 数字人双语播报
6.3.1 小学生跳舞
6.3.1 众影AI数字人

第3章 教师教学增效 / 54

3.1 智能备课 / 54
3.1.1 课件素材一键生成 / 54
3.1.2 跨学科知识链接 / 55

3.2 课堂管理 / 58
3.2.1 作业自动批改 / 58
3.2.2 学生行为数据分析 / 60

3.3 兴趣拓展：用剪映生成有特效的视频并创建智能体 / 63
3.3.1 用剪映生成有特效的视频并添加配音和音乐 / 63
3.3.2 用扣子创建数学辅导教师智能体 / 73
3.3.3 用豆包快速创建数学辅导教师智能体 / 82

第4章 家长辅导与情感引导 / 85

4.1 学习监督 / 85
4.1.1 个性化学习计划制订 / 85
4.1.2 兴趣挖掘与书籍推荐 / 87

4.2 情感支持 / 88
4.2.1 压力疏导对话设计 / 88
4.2.2 成长数据分析报告 / 90

4.3 兴趣拓展：用即梦AI、通义和剪映创作视频 / 91
4.3.1 用即梦AI生成视频并用剪映剪辑视频 / 91
4.3.2 用通义和即梦AI生成视频并用剪映更换背景 / 95

第5章 高考志愿与职业规划 / 100

5.1 高考志愿填报辅助 / 100
5.1.1 快速定位您的分数段 / 100
5.1.2 智能推荐院校和专业 / 101

5.2 高考志愿填报前的准备工作 / 103
5.2.1 了解本省高考政策 / 103
5.2.2 收集院校和专业信息 / 105

5.3 利用DeepSeek生成高考志愿方案 / 106
5.3.1 智能推荐院校和专业 / 106
5.3.2 高考志愿方案的风险评估 / 108

6.3.2 动画片英语配音

6.3.2 动画片中文配音

6.3.2 鸟叫音效

6.3.2 雨声音效

7.3.2 卡通小女孩

7.3.3 群马奔跑

7.3.5 雪中蜡梅

7.3.6 雷电天气不外出

8.3.5 卡点视频

8.3.5 骑车旅行

5.4 职业发展双维度测评／110
    5.4.1 职业兴趣AI诊断／110
    5.4.2 职业规划与长线发展／111
5.5 兴趣拓展：用即梦AI和百度AI处理照片／113
    5.5.1 用即梦AI改变小学生的形象／113
    5.5.2 用百度AI对小学生照片进行处理／115

第6章 职场效率提升／121

6.1 办公自动化／121
    6.1.1 会议纪要生成／121
    6.1.2 邮件模板与日程管理／123
6.2 数据分析进阶／124
    6.2.1 Excel函数替代方案／124
    6.2.2 市场报告生成／126
6.3 兴趣拓展：数字人说话、跳舞、唱歌、对话及音频制作／128
    6.3.1 数字人说话、跳舞、唱歌、对话／128
    6.3.2 音频效果／137

第7章 创作与展示／142

7.1 PPT制作／142
    7.1.1 大纲生成与美化／142
    7.1.2 动态图表嵌入／144
7.2 文案写作／144
    7.2.1 新媒体标题优化／145
    7.2.2 品牌故事生成／146
7.3 兴趣拓展：快速掌握各种便利AI工具／147
    7.3.1 用百度AI PPT功能快速生成PPT／148
    7.3.2 用海螺AI工具生成图片和视频／150
    7.3.3 用Vidu AI工具生成视频／152
    7.3.4 用百度文心智能体平台创建自己的智能体／154
    7.3.5 用Microsoft ClipChamp创建视频／158
    7.3.6 用百度心响App协助创建绘本视频／162
    7.3.7 用Canva可画创作海报／162
    7.3.8 用Get笔记和腾讯云IM创建知识库／166

8.3.5 三种蒙版切换　　9.4.1 背景素材

9.4.1 飞船1　　9.4.1 飞船2

9.4.1 飞船3　　9.4.1 手绘人物

9.4.1 悟空与八戒1　　9.4.1 悟空与八戒2

9.4.1 小说转视频　　9.4.3 城市宣传

第8章　健康管理与智能旅行／170

8.1 健康管理／170
- 8.1.1 饮食计划订制／170
- 8.1.2 运动打卡提醒／173

8.2 智能旅行规划／174
- 8.2.1 行程一键生成／174
- 8.2.2 多语言支持与智能翻译／176

8.3 兴趣拓展：剪映蒙版的实际应用／178
- 8.3.1 蒙版的概念及常用功能／178
- 8.3.2 蒙版通用操作流程／179
- 8.3.3 剪映中常用的蒙版类型及应用情形／180
- 8.3.4 帧与关键帧／183
- 8.3.5 蒙版应用实例／184
- 8.3.6 熟悉混合模式／195

第9章　增收与就业（AI赋能新机会）／198

9.1 短视频创作／198
- 9.1.1 脚本生成与剪辑建议／198
- 9.1.2 流量分析与内容优化／201

9.2 自媒体运营／204
- 9.2.1 爆款文章生成／204
- 9.2.2 粉丝互动与数据分析／206

9.3 副业增收／208
- 9.3.1 AI辅助设计／208
- 9.3.2 电商文案与营销策划／210

9.4 兴趣拓展：快速剪辑视频并创作海报和城市宣传视频／212
- 9.4.1 用剪映、秒剪和快影等App快速剪辑视频／212
- 9.4.2 用即梦AI和剪映App快速制作海报／216
- 9.4.3 创作城市宣传视频／218

参考文献／236

第 1 章　DeepSeek 快速入门

在人工智能技术高速发展的 2025 年，DeepSeek 作为一款基于大语言模型的智能助手，凭借其强大的推理能力和灵活的部署方式，正在深刻改变我们的学习、生活和工作方式。它不仅能像真人一样与用户对话，还能高效处理复杂任务，如数据分析、代码生成、文档解析等，成为用户身边的"24 小时在线秘书"。DeepSeek 的核心优势在于其卓越的性价比、创新的双轨训练机制以及广泛的应用场景，从学术研究到商业分析，从日常问题解答到创意内容生成，它都能提供精准且高效的解决方案。本章将带领读者快速了解 DeepSeek 的核心功能、应用场景及安装方法，帮助读者从零起点开始到熟练使用，开启智能化的全新体验。

1.1　DeepSeek简介

1. 什么是DeepSeek

DeepSeek（简称 DS）是一款基于人工智能技术的智能助手，由深度求索（杭州）科技有限公司开发。它结合 deep（深度）与 seek（探索）的含义，合称为"深度探索"，强调对知识、技术或问题的深入挖掘与持续追求。DeepSeek 的核心功能包括自然语言处理、数据分析、知识问答、文件解析等，广泛应用于学习、生活和工作场景。

（1）DeepSeek 的主要特点。其包括以下方面。
- 知识覆盖广泛：涵盖科学、技术、文化等多个领域，提供全面的知识支持。
- 交互体验流畅：通过自然语言处理技术，实现流畅的对话体验，适合长时间交互。
- 功能多样：支持文件处理、数据分析、代码生成等多种功能，适用于多场景需求。
- 高效推理：在推理速度和资源占用上做了优化，更适合实际应用。
- 开源免费：模型完全开源，用户可以免费使用、修改和商用。

（2）DeepSeek 的应用场景。DeepSeek 应用场景非常多。比如，学习方面包括错题解析、英语学习资源推荐、论文写作辅助；工作方面包括财务报告分析、Excel 自动化处

理、职业形象设计；生活方面包括短视频创作、旅行攻略生成、日常问题解答。下面是一些具体的应用场景示例。

应用场景 1：学生错题智能解析。学生遇到数学难题时，在 DeepSeek 对话输入框中输入题目，即可获得分步解析和知识点标注，例如三角函数计算题的推导过程及易错题提醒。

应用场景 2：智能学情分析与精准干预。教师可通过 DeepSeek 分析学生的作业、考试成绩及课堂表现数据，生成"知识薄弱点热力图"，精准定位班级或个人的学习短板。

应用场景 3：Excel 数据自动化处理。用自然语言描述需求，通过提示词"合并销售表并统计区域业绩 Top 3"，DeepSeek 可以自动生成 VBA 代码或公式，一键完成跨表数据整合与清洗。

应用场景 4：职场财务报告分析。上传季度财务报表至 DeepSeek，通过提示词"作为财务总监，分析三大成本异常单并生成对比图表"，可快速获得专业级分析报告并结合其他工具生成可视化图表的方法。

应用场景 5：个性化职业形象设计。输入"生成程序员职业形象照的提示词"，DeepSeek 会输出专业级人工智能（artificial intelligence，AI）绘图提示词，生成符合职场场景的虚拟形象照用于宣传。

应用场景 6：短视频创作与优化。DeepSeek 在短视频领域的应用涵盖创意生成、脚本优化、素材编辑及分发策略。例如，某旅行博主利用 DeepSeek 生成"农村怀旧视频"提示词，结合即梦 AI 批量生成图像与视频，最终在剪映中完成视频制作，效率大幅提升。

> **操作小贴士**："提示词"也称为"指令"，"提示词"说法更加通俗易懂，所以本书正常描述内容时使用"提示词"，以便与程序中的"指令"区分开。

2．DeepSeek的核心功能

DeepSeek 具备以下核心功能。

（1）深度思考模型（R1）：开启 深度思考(R1) 后，AI 会展示分析和推理过程，适用于解决复杂问题，如跨学科教学设计或学情分析，生成的内容更加专业且呈现结构化的特点。一般性问题如果想快速得到答案，可以不打开该功能。

（2）联网搜索：开启 联网搜索 后，可实时连接互联网，获取最新教育政策、案例或学术研究成果，为提问的问题提供最新信息支持。打开该功能，搜索速度可能变慢，所以如果不需要最新信息，可以关闭该功能。

（3）附件上传：支持上传本地文件（如文档、图像），为 AI 生成内容提供参考或分析依据。

（4）多轮对话：支持上下文理解，可进行多轮交互，逐步细化需求以提升输出精准度。也就是说，如果开始的问题因为没有表达清楚或者说的不够具体，得到了不太满意的回答，可以进一步细化提问的内容，以便得到满意的结果。

（5）个性化定制：通过结构化提示词（如"背景 + 需求 + 约束条件"）生成针对性强的内容，满足不同场景需求。但是约束条件不能太苛刻，比如 50 个字才能表达清楚的内容限定为 10 个字回答，就无法得到满意的结果。

1.2 安装与配置

DeepSeek 可以安装在手机等移动端，也可以直接使用网页版或者在计算机上安装客户端。下面仅说明两种用法。

1．手机端安装

在手机端安装 DeepSeek 的步骤如下。

（1）在手机中打开 App 应用市场或者应用商店等。

（2）在"搜索"栏中输入 deepseek，找到官方应用。

（3）点击"安装"或"获取"按钮，等待下载和安装完成。

（4）安装完成后，点击启动 DeepSeek 应用，按照提示注册并完成设置。

以华为手机为例，详细安装步骤如下。

在手机桌面找到"应用市场"图标并将其打开，然后在"搜索"栏中输入 deepseek，就能够搜索到 DeepSeek，再点击"安装"按钮即可进行安装。完成安装后，手机桌面上出现 DeepSeek 的图标。点击该图标启动它，用手机号或者微信免费进行注册后，就可以开始应用了。操作过程如图 1-1 所示。

图1-1　华为手机中安装DeepSeek应用

2．使用网页版

在浏览器地址栏中输入 https://www.deepseek.com，即可打开 DeepSeek 主页，经过注册后，可打开如图 1-2 所示界面，再单击"开始对话"选项，就可以开始对话了。

图1-2　DeepSeek主界面

📞 **操作小贴士**：由于目前DeepSeek的访问量巨大，所以在用DeepSeek官网服务时，经常会提示服务器繁忙，建议尝试用一下腾讯元宝（可搜索其官网地址，也可在手机端直接搜索"腾讯元宝"应用并安装App）中的DeepSeek功能。腾讯元宝部署了满血版的DeepSeek-R1大模型，只需要在主界面对话框下方从HunYuan和DeepSeek两个选项中选择DeepSeek即可，如图1-3所示，此时与访问DeepSeek官网的效果一样，但是速度更快。

图1-3　在腾讯元宝官网选择DeepSeek对其进行访问

另外，HunYuan专注于自然语言处理（NLP）任务，如文本生成、对话系统、情感分析等；DeepSeek专注于深度学习和数据挖掘，用于图像识别、语音识别、推荐系统等领域。

1.3　认识主界面并快速入门

DeepSeek主界面的对话部分如图1-4所示。可以直接在编辑框中输入需要对话的提示词，也可以通过单击曲别针图标 📎 打开相应的文件（最多一次上传50个文件，每个文件100MB以下，只识别文档或者图像上的文字内容）进行分析和解读，然后单击"发送"按钮 ⬆，就可以等待对话的生成内容。在对话界面左侧单击 ▶ 图标可以打开边栏，从中可以找到以前提问的问题和答案；单击 ↻ 图标可以开始一段新的对话。

第 1 章　DeepSeek快速入门

图1-4　DeepSeek主界面对话部分

下面通过一个实例说明如何开始对话,同时比较分别开启"深度思考"功能和"联网搜索"功能的效果。

【案例1-1】　在DeepSeek对话界面的文本框中输入三条关联提示词,了解生成内容的变化。

步骤1　输入提示词"请简单介绍一下DeepSeek",然后单击"发送"按钮。提示词及生成内容如图1-5所示。

图1-5　DeepSeek简单回答问题

步骤2　输入提示词"用500字详细描述一下上面的问题",然后单击"发送"按钮。提示词及生成内容如图1-6所示。

图1-6　DeepSeek详细回答(部分内容)

步骤3　输入提示词"请从上面的详细描述中提取5个关键词,加上圆圈数字编号,放一行输出",然后单击"发送"按钮。提示词及生成内容如图1-7所示。

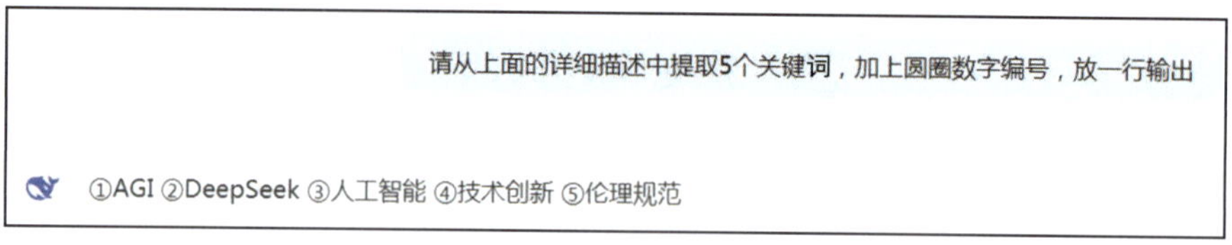

请从上面的详细描述中提取5个关键词，加上圆圈数字编号，放一行输出

①AGI ②DeepSeek ③人工智能 ④技术创新 ⑤伦理规范

图1-7　从详细回答中提取关键词

步骤4　开启"深度思考"功能 深度思考(R1)，输入提示词"解释一下前面第一个关键词的中文意思和应用场景"，然后单击"发送"按钮。提示词及生成内容的部分截图如图1-8所示。

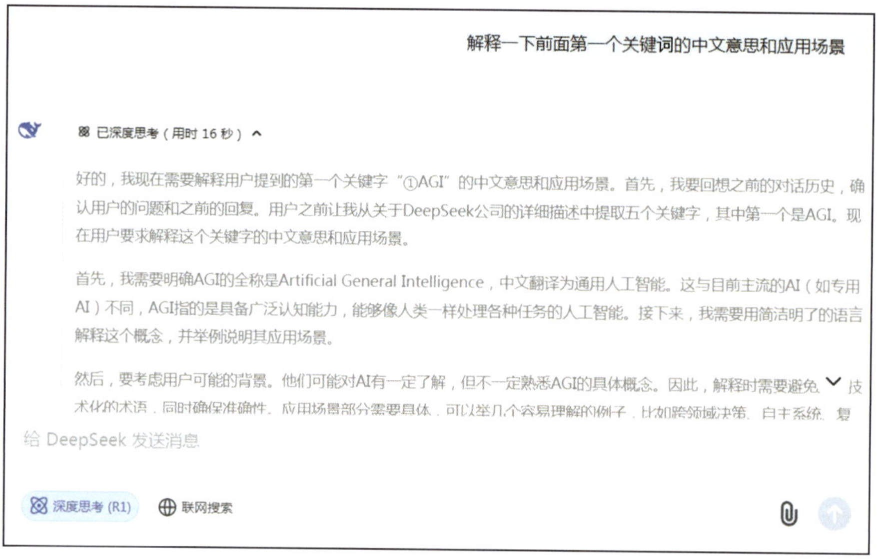

解释一下前面第一个关键词的中文意思和应用场景

已深度思考（用时16秒）

好的，我现在需要解释用户提到的第一个关键字"①AGI"的中文意思和应用场景。首先，我要回想之前的对话历史，确认用户的问题和之前的回复。用户之前让我从关于DeepSeek公司的详细描述中提取五个关键词，其中第一个是AGI，现在用户要求解释这个关键字的中文意思和应用场景。

首先，我需要明确AGI的全称是Artificial General Intelligence，中文翻译为通用人工智能。这与目前主流的AI（如专用AI）不同，AGI指的是具备广泛认知能力，能够像人类一样处理各种任务的人工智能。接下来，我需要用简洁明了的语言解释这个概念，并举例说明其应用场景。

然后，要考虑用户可能的背景。他们可能对AI有一定了解，但不一定熟悉AGI的具体概念。因此，解释时需要避免技术化的术语，同时确保准确性。应用场景部分需要具体，可以举几个容易理解的例子，比如跨领域决策、自主系统、复

给 DeepSeek 发送消息

深度思考 (R1)　　联网搜索

(a) 深度思考过程的部分内容

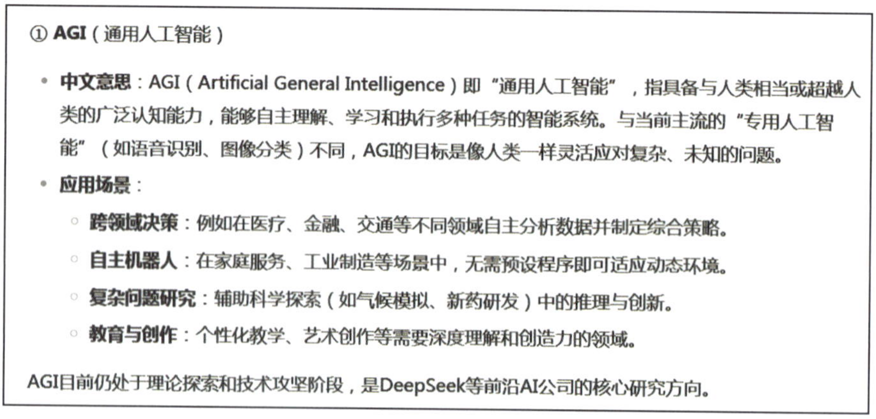

① **AGI**（通用人工智能）
- **中文意思**：AGI（Artificial General Intelligence）即"通用人工智能"，指具备与人类相当或超越人类的广泛认知能力，能够自主理解、学习和执行多种任务的智能系统。与当前主流的"专用人工智能"（如语音识别、图像分类）不同，AGI的目标是像人类一样灵活应对复杂、未知的问题。
- **应用场景**：
  - **跨领域决策**：例如在医疗、金融、交通等不同领域自主分析数据并制定综合策略。
  - **自主机器人**：在家庭服务、工业制造等场景中，无需预设程序即可适应动态环境。
  - **复杂问题研究**：辅助科学探索（如气候模拟、新药研发）中的推理与创新。
  - **教育与创作**：个性化教学、艺术创作等需要深度理解和创造力的领域。

AGI目前仍处于理论探索和技术攻坚阶段，是DeepSeek等前沿AI公司的核心研究方向。

(b) 生成内容

图1-8　开启"深度思考"功能

步骤5　再开启"联网搜索"功能 联网搜索，输入提示词"说明一下2025年中国发生的与人工智能相关的重要技术突破或者应用"，然后单击"发送"按钮。提示词及生成内容的部分截图如图1-9所示。

（a）深度思考过程的部分内容

（b）生成内容的一部分

图1-9　开启"深度思考"和"联网搜索"功能

通过该案例的详细操作步骤，您应该知道怎么与DeepSeek进行对话了吧？只要您向DeepSeek发出了准确、明了的提示词，它就可以给出您想要的答案。后面随着对DeepSeek的慢慢熟悉和了解，您会感觉到它既可以作为全能助手满足自己学习、生活、工作等各方面的需求，又可以作为随时与自己进行聊天和交流的"好朋友"。

操作小贴士：不方便输入文字时，手机端长按麦克风图标或按下电话图标可以直接用语音提问或交流。另外，遇到不满意的回答，单击"重新生成"按钮，DeepSeek将重新生成内容。

1.4 了解DeepSeek的使用技巧

详细了解 DeepSeek 的一些使用技巧，能够帮助您更高效地利用这一强大的 AI 工具。

1．明确需求，简洁提问

在使用 DeepSeek 时，首先要明确说明您的需求，有时需要说明自己的身份（如是学生、程序员、销售员等），并尽量用简洁明了的语言进行提问。复杂的描述可能会让 AI 难以理解您的意图。

比如，"请帮我分析一下如何提升工作效率"的提示词所表达的需求有点太笼统，针对性不强，是不好的提示词。较好的提示词是尽量明确工作的定位和完成的时间，比如，"请简明扼要地告诉我，如何在 30 分钟内完成一份保险会议的纪要。"再比如，辅导孩子作业时，向 AI 发出的较为明确的提示词是："用小学生能听懂的话，解释为什么先看到闪电，后听到雷声。"

2．利用"深度思考"功能

DeepSeek 的"深度思考"功能可以帮助您进行更复杂的推理和分析。开启此功能后，DeepSeek 会提供更加结构化、更深入的回答。

3．善用"联网搜索"功能

DeepSeek 的"联网搜索"功能可以让您获取最新的信息。当问题涉及最新数据或实时信息时，务必开启此功能。

4．分步骤提问

对于复杂的问题，建议将其拆分为多个分步骤进行提问，这样可以帮助 DeepSeek 更好地理解您的需求，并逐步提供详细的解答。

比如，对于"如何学习编程？"的问题，可以分步骤提问："请推荐一些适合初学者的编程语言。""请提供一些学习编程的在线资源。""请告诉我如何制订学习计划。"再比如，做旅行攻略时，先要景点清单，再查交通路线，最后找当地美食。

5．调整输出格式

DeepSeek 支持多种输出格式，您可以根据需要调整生成内容的格式，如文本长度、语言风格等。

6．风格改写

您可以要求 DeepSeek 以特定的风格重写内容，如正式、口语化或幽默风格。

比如，如果发出的提示词是"请用冰心写作的风格改写上面的这段文本"，那生成内容

的风格就类似冰心写作的风格。

7．多轮对话技巧

通过多轮对话，您可以逐步引导AI深入理解您的需求，并提供更准确的回答。

比如，第一轮提示词是："请帮我构思一个线上营销活动的初步方案。"第二轮提示词是："针对这个方案，请说明一下可能会遇到哪些风险，以及如何应对。"

8．结合第三方应用

DeepSeek可以与多种第三方应用集成。如开发工具方面，DeepSeek通过浏览器插件（如Chrome、Edge）、VS Code插件、即时通信工具（微信、飞书）等实现无缝集成，提升开发效率。

1.5　国内常用AI工具的优缺点和应用场景

国内常用的AI工具覆盖办公、创作、设计等多个领域，以DeepSeek（代码生成/数据分析/联网搜索）、豆包（语音对话/图像生成/多模态创作）和Kimi（200万字长文本解析/会议纪要整理）为核心，搭配通义（设计/Logo生成）、腾讯元宝（公众号运营/日程管理）、即梦AI（图像视频生成）、可灵（3D动画特效）等工具，可形成完整AI创作及应用生态链。例如，上班族可用腾讯元宝自动生成带图表的工作报告，自媒体从业者用即梦AI制作数字人短视频，教师用豆包把古诗改编为趣味故事，学生用Kimi快速将30页论文提炼成PPT大纲。这些工具再加上文心一言（知识问答）、智谱清言（教育辅导）、WPS AI（图表自动化）等细分功能，满足从职场办公到生活娱乐的全场景智能需求，且多数AI工具提供免费基础服务。

国内常用的AI工具的优缺点和应用场景见表1-1。

表1-1　国内常用的AI工具的优缺点和应用场景

AI工具	优　点	缺　点	应用场景
DeepSeek	• 专业领域深度分析 • 技术文档生成 • 中文处理能力突出	• 服务器负载压力大 • 多模态功能依赖第三方插件	• 科研文献分析 • 代码生成 • 企业级复杂决策
文心一言	• 中文理解能力强 • 多模态能力（文本、图像、视频）	• 语言简单，易被模仿 • 内容局限性强，不够全面	• 中文文案创作 • 文化内容生成 • 市场营销
ChatGPT	• 多语言支持 • 功能全面 • 插件生态丰富	• 存在"幻觉问题" • 实时性不足	• 文案创作 • 教育辅导 • 基础编程支持
Kimi	• 中文处理能力行业领先 • 支持200万字长文本处理	• 响应速度慢 • 复杂任务需反复调整提示词	• 会议纪要整理 • 网页分析 • 初创企业办公

续表

AI 工具	优 点	缺 点	应用场景
豆包	• 拟人化语音交互 • 集成智能体功能 • 快速生成图像	• 推理能力弱于 DeepSeek • 依赖云端算力	• 日常对话 • 简单任务处理 • 娱乐互动
通义	• 中文处理能力强 • 多轮对话支持	• 对数据的依赖性较强 • 偶尔存在基础错误	• 知识问答 • 文案创作 • 中等复杂度的任务
智谱清言	• 中文处理能力优秀 • 支持知识图谱 • 结构化输出	多轮对话的连贯性不足	• 知识问答 • 内容创作 • 需要结构化输出的场景
腾讯元宝	• 易于使用,无须编程知识 • 有丰富的插件库 • 支持多平台的发布	• 功能相对基础 • 对于复杂任务支持不足	• 教育辅导 • 社交媒体管理 • 内容创作

💧 **操作小贴士**：由于 AI 工具更新换代较快,很多功能在不断完善,优缺点只能是在某个时间段内相对而言。

1.6 DeepSeek提示词应用技巧

1. 基础指令优化

1）精准定义任务类型

不好的提示词:"帮我写东西。"

比较好的提示词:"写一篇面向初学者的 Python 入门文章,涵盖变量、循环和函数,分 3 部分。"

应用场景：技术文档、教学材料。

💧 **操作小贴士**：明确任务类型（教程/报告/故事）和内容框架,避免回答偏离方向。

2）限定输出格式

不好的提示词:"总结这本书。"

比较好的提示词:"用 Markdown 格式总结《人类简史》的核心观点,分 5 条要点,每条不超过 100 字。"

应用场景：读书笔记、会议纪要。

💧 **操作小贴士**：指定格式（列表/表格/代码块）可提升结构化程度。

3）强制逻辑顺序

不好的提示词:"分析气候变暖的影响。"

比较好的提示词："按'原因→经济影响→社会影响→解决方案'的逻辑链分析为何气候变暖,每部分用小标题分隔。"

应用场景：学术论文、商业分析。

📞 **操作小贴士**：引导模型按特定逻辑展开,避免信息杂乱。

2．内容深度控制

1）明确信息颗粒度

不好的提示词："介绍机器学习。"

比较好的提示词："用通俗语言解释机器学习中的监督学习和无监督学习,各举一个生活案例。"

应用场景：科普文章、客户沟通。

📞 **操作小贴士**：通过案例或比喻控制内容的深浅程度。

2）设定知识边界

不好的提示词："谈谈中医。"

比较好的提示词："从现代医学视角分析中医针灸的镇痛机制,引用近5年权威研究成果。"

应用场景：学术研究、专业报告。

📞 **操作小贴士**：限定知识范围（时间/学科/数据来源）,提升可信度。

3）拆分复杂任务

不好的提示词："帮我策划一个营销方案。"

比较好的提示词："列出针对Z世代用户的奶茶品牌线上营销渠道。""为小红书平台设计3个互动玩法,需包含UGC机制。"

应用场景：项目管理、多步骤需求。

📞 **操作小贴士**：分阶段提问可降低模型的信息遗漏风险。

3．风格与交互优化

1）角色代入指令

不好的提示词："写一封投诉邮件。"

比较好的提示词："假设你是消费者,因快递延误向电商平台写投诉邮件,语气礼貌但坚定,要求补偿。"

应用场景：客服沟通、公关文案。

📞 **操作小贴士**：角色设定能生成更符合场景的对话或文本。

2）负面排除法

不好的提示词："写一首诗。"

比较好的提示词："写一首关于秋天的五言绝句，避免使用'落叶''凄凉'等常见词汇。"

应用场景：创意写作、广告文案。

操作小贴士：明确"不要什么"，可减少无效生成。

3）多角度验证

不好的提示词："这个观点对吗？"

比较好的提示词："从科学、伦理、经济三个角度分析基因编辑技术的争议。""列出支持与反对克隆人的各三条理由。"

应用场景：辩论准备、风险评估。

操作小贴士：强制多视角输出可避免片面结论。

4．进阶优化策略

1）预设问答模板

不好的提示词："解释什么是区块链。"

比较好的提示词：多次问答。

问："区块链的核心特点是什么？"

答："去中心化，不可篡改……"

问："它在供应链中的应用案例？"

答："例如沃尔玛使用区块链追溯食品来源……"

应用场景：常见问题解答（frequently asked questions，FAQ）文档、培训材料。

操作小贴士：模板化指令能生成高度匹配需求的问答内容。

2）迭代优化指令

不好的提示词："再改一下。"

比较好的提示词：多次迭代优化指令。

初稿生成的提示词："写一段200字的公司简介，侧重技术创新。"

再次优化的提示词："在初稿基础上增加社会责任相关内容，保持简洁。"

应用场景：文案修改、代码调试。

操作小贴士：分步骤修正比用模糊指令更高效。

3）隐喻与类比引导

不好的提示词："说明量子力学。"

比较好的提示词："用'骰子在旋转时同时有多个点数'的类比解释量子叠加态。"

应用场景：教学、公众科普。

📢 **操作小贴士**：通过类比降低复杂概念的理解门槛。

5．特殊场景技巧

1）数据驱动指令

不好的提示词："分析销售数据。"

比较好的提示词："根据以下 2024 年 Q1~Q4 销售额数据（附表格），分析区域差异，用柱状图对比呈现。"

应用场景：数据分析、可视化报告。

📢 **操作小贴士**：提供结构化数据可生成精准分析。

2）跨语言混合指令

不好的提示词："翻译这句话。"

比较好的提示词："将以下中文歌词翻译成英文，保留押韵和诗意（原文：……）。"

应用场景：本地化翻译、本地化创意。

📢 **操作小贴士**：混合语言指令能实现"信、达、雅"效果。

3）反向提问法

不好的提示词："如何提高写作能力？"

比较好的提示词："如果我想在 3 个月内明显提升学术写作水平，应避免哪些常见错误？请列出 5 条常见错误并给出解决方案。"

应用场景：学习建议、问题排查。

📢 **操作小贴士**：从错误中学习往往比正向指导会让人记忆更深刻。

总之，以上 15 条提示词技巧覆盖了任务定义、内容控制、风格调整、进阶策略和特殊场景，通过对比"不好"与"比较好"的示例，可直观理解如何通过细化需求、预设边界、引导逻辑等方式提升生成质量。实际使用时可根据具体场景组合多个技巧（如"角色代入＋数据驱动＋迭代优化"），从而可以精准控制输出结果。

1.7　常见问题与避坑指南

DeepSeek 常见问题与避坑指南如下。

1．模型选择误区：V3/R1模型傻傻分不清

用户选择 API 服务时，盲目选择 DeepSeek 高价的 R1 模型处理简单任务，而没有选择廉价的 V3 模型，导致成本翻倍但效果未提升。

避坑指南：通用任务（如文案生成、数据分析）优先用 V3 模型，成本低且响应快，比如，奶茶店老板用 V3 模型生成节日促销文案，比用 R1 模型的单次成本会大幅降低；复杂场景（如代码调试、数学建模）再切换到 R1 模型，比如，程序员用 R1 模型排查 Python 代码中的循环结构错误，效率提升 3 倍。

2．"联网搜索"功能依赖症：项目进度杀手

过度依赖"联网搜索"功能导致数据延迟或中断，影响智能体开发进度。

避坑指南：实时数据需求搭配备用方案（如手动导入 + 第三方 API）。比如，进行旅游攻略智能体开发时，先用政府文旅局官网数据做基准，再用 AI 补充个性化建议。另外，关键信息强制指定权威来源，比如，提示词模板为"请仅引用国家统计局 2024 年数据，附官网截图"。

3．提示词黑洞：AI 总在答非所问

可以考虑采用黄金公式——CRISP 提问法。

- context（背景）：参考提示词如"作为跨境电商运营专员"。
- requirement（需求）：参考提示词如"需要优化亚马逊产品标题"。
- input（输入）：参考提示词如"现有标题：2024 新款夏季女装"。
- structure（结构）：参考提示词如"按核心关键词 + 材质 + 场景的格式"。
- precision（精度）：参考提示词如"包含'冰丝''透气'等卖点，字符 ≤ 80"。

🐚 操作小贴士：失败案例是直接给出模糊提示词"帮我改标题"，可能得到"2024 爆款女装"等无效建议。

4．安全红线：密钥泄露与数据"裸奔"

高危场景如开发者将 API 密钥写进 GitHub 公开代码，遭到恶意调用并导致每月都有损失，或者用户直接上传含身份证照片的投诉信，使用户隐私有被泄露的风险。

避坑指南：密钥存储使用 AWS Secrets Manager 等专业工具。进行数据脱敏，即 AI 处理前先用"[姓名]""[电话]"等通用标签替换真实信息。

🐚 操作小贴士：中括号的内容表示实际操作时要更换为真实具体的内容，比如，把 [姓名] 更换为孙小亭。

5．复杂任务拆解：拒绝一步到位

直接在 DeepSeek 中上传 2 小时会议录音，要求"生成精美 PPT"，结果输出的内容杂乱无章。

避坑指南：要将会议录音转为 PPT，可以采用如下的工具链做法。

（1）用 DeepSeek 提取录音关键词，比如"用户增长"、DAU、"裂变活动"等。

(2) 用 Kimi 生成大纲,比如用提示词"进行现状分析,确定核心策略,拟订执行计划"。

(3) Gamma 设计模板:自动匹配科技风排版 + 动态图表。

🐋 **操作小贴士**:Gamma 是一款基于 AI 的在线演示文稿生成工具,旨在帮助用户快速创建专业且美观的演示文稿、文档和网站。免费版支持基础功能,但有 400 积分的 AI 用量限制,适合个人用户或轻度使用的情况。进阶版和专业版都需要付费,适合有更多要求的用户和团队用户。

6. 时效性陷阱:AI不是实时百科

有很多内容和知识是有时效性的,问的问题不对,有可能得到面目全非的回答。比如,向 DeepSeek 问"2025 年个税专项附加扣除标准",如果没有搜索到相关政策,则它可能依据 2024 年或其他年的政策编造答案。此时可以追加提示词"请联网检索国家税务总局最新公告",可能回答更为合理。

避坑指南:政策咨询类问题应开启"联网增强"模式;金融预测类问题需求注明"请标注数据截止日期"。

🐋 **操作小贴士**:遇到复杂问题时,可以对 AI 说"请确认是否理解需求,不清楚请提问"。

1.8 AI浪潮下的个人学习跃迁

在当今 AI 技术深度渗透各行各业的背景下,个人需掌握与 AI 协同进化的能力。下面以国产开源大模型 DeepSeek-R1 为核心,结合其高性价比、中文适配性及免费生态资源,提供从基础认知到职业突破的全链路学习方案,帮助普通人实现知识升级与技能迭代。

1. 构建AI认知底座

通过 DeepSeek 的免费课程体系建立系统性 AI 知识框架,覆盖机器学习原理、自然语言处理等核心领域。

2. 掌握AI工具协同工作流

将 DeepSeek 与免费工具链(如 XMind、Midjourney)深度结合,构建"AI+ 工具"的增效模式。比如,用 DeepSeek 生成论文大纲后,通过 Midjourney 自动生成实验数据可视化图表;又比如,输入"生成 2025 年新能源汽车市场分析报告框架",获取包含 SWOT 分析、数据采集建议的完整模板。

🐋 **操作小贴士**:SWOT 是 strengths(优势)、weaknesses(劣势)、opportunities(机会)、threats(威胁)4 个单词的首字母缩写。SWOT 是战略分析工具,用于评估企业、项目或个人的竞争优势与劣势。

3．开发AI原生技能组合

基于DeepSeek开源特性，培养"提示工程+轻量化开发"的复合能力。比如，进行代码生成时，输入提示词"设计一个垃圾分类微信小程序"，可以获取包含UI交互逻辑、数据库结构的完整Python代码片段。再比如，用DeepSeek拆解"AI伦理与法律"课题，会自动生成哲学、技术、法学三个模块的学习路径及参考资料。

4．打造职业护城河

利用DeepSeek社区资源和行业动态追踪功能，实现"技能—场景—机会"的精准匹配。比如，订阅"智能制造"动态推送，获取最新工业AI案例（如比亚迪智舱系统与DeepSeek的融合方案）；完成"AI实战营"图像识别项目，获得可写入简历的官方认证证书。

5．构建持续进化系统

通过DeepSeek自适应学习系统实现终身学习，重点关注大模型技术演进方向。比如，输入提示词"设计3个月Python机器学习提升计划"，可以获取每日任务清单及Github开源项目推荐；还可以研究DeepSeek-R1创新的群体相对策略优化算法（group relative policy optimization，GRPO），探索自主模型微调的可能性。

【案例1-2】 奶茶店主借助AI开拓业务的方法。

步骤1 营销升级：用DeepSeek生成节日促销文案（建议采用付费模式，单次成本0.5元），相比人工撰写效率提升5倍。

步骤2 运营优化：输入"分析过去半年销售数据，找出爆款规律"，获取包含时段、温度关联性的可视化报告。

步骤3 技术延伸：基于开源模型开发"AI点单推荐系统"，通过消费记录预测顾客偏好。

通过DeepSeek"工具赋能—知识重构—场景创新"的三阶进化模型，个人可低成本实现从AI使用者到创造者的跨越。建议优先掌握提示工程、工具联动、轻量化开发三大核心技能，并持续关注国产大模型技术生态演进。

总之，AI时代的学习不仅是知识的积累，更是能力的升级。通过掌握AI工具，发展个人独特能力，并持续实践与创新，使自己可以在AI浪潮中占据先机，实现职业与个人发展的双重突破。

1.9 认识AI"幻觉"

AI的快速发展尽管给人们学习、工作和生活等多个方面带来了很多便利，但是也并非是无所不能的，有时会给出错误或者任意编造的信息，这就是AI"幻觉"。AI"幻觉"（AI hallucination）是指AI在生成内容时，因缺乏真实理解或存在数据局限性，AI会自行编造看似合理但实际错误、虚假或不存在的信息。这种现象常见于大语言模型（如ChatGPT、

DeepSeek 等）和图像生成类 AI 工具。

1．核心原因

- 训练数据污染：AI 模型可能学习了错误或低质量的数据，导致生成不准确信息。
- 信息补白（脑补）：当 AI 遇到未知信息时，会基于概率"编造"看似合理的内容，如虚构人名、案例等。
- 推理过度复杂化：某些 AI（如 DeepSeek-R1）在简单任务上过度推理，导致偏离事实。
- 缺乏对真实世界的理解：AI 无法像人类一样结合常识判断，容易生成逻辑错误的内容。

举例

（1）问 AI "隔壁老王的身高"，它可能编造一个数字，而非承认不知道。
（2）在论文写作中，AI 可能虚构不存在的文献或篡改数据来源。

2．典型表现

- 文本生成：编造不存在的论文、数据或历史事件（如科学家张三在 2023 年发现 ××）。
- 图像生成：画出违反物理规律的物体（如绘制的人物出现有 6 根手指的手）。

3．应对方法

- 交叉验证：用多个 AI 工具（如 DeepSeek、ChatGPT）核对同一问题，对比答案。
- 要求提供来源：让 AI 标注引用文献或数据来源，并手动核查。
- 限定问题范围：明确要求"仅基于可靠研究"或"不要推测"，减少编造可能。
- 结合人工审核：对 AI 生成的关键数据、案例进行人工查证（如用 Google Scholar 验证文献）。

举例

（1）若 AI 生成"某研究显示 ×× 疗法有效"，应要求提供论文标题，并检索验证。
（2）在论文中使用 AI 辅助时，可先让其总结已知权威研究成果，而非直接生成新结论。
（3）若 AI 声称"《自然》杂志 2025 年某研究证明……"，需手动检索该期刊，确认是否存在此文。

通过以上方法，可大幅降低 AI 幻觉风险，确保学术写作的准确性。

1.10 兴趣拓展：用DeepSeek结合豆包、即梦AI、可灵AI实现文生图

下面分别用 DeepSeek 结合豆包、即梦 AI、可灵 AI，以文生图方式生成图像，比较一下 3 款 AI 工具文生图的效果。

1.10.1 基础图像生成

1．用DeepSeek生成程序员形象的提示词

DeepSeek 提示词如下：

生成一位程序员职业形象的提示词，这是一位阳光、帅气、睿智的中国男生。

DeepSeek 解答如下（部分中文内容）。

一位 25～30 岁的中国男性程序员，阳光帅气且充满智慧感。身穿简约深蓝色衬衫（袖口微卷）搭配休闲西裤，坐在现代感办公环境中。人物特征如下。

面部：亚洲人五官，明亮有神的眼睛（轻微反光镜片），清爽短发，自然微笑透露出自信。

道具：膝盖上放着 Macbook Pro，左手悬停在键盘上方，右手拿着 Markdown 笔记平板。

环境：玻璃墙会议室背景可见代码流程图，桌上有机械键盘和冒热气的抹茶拿铁。

光线：落地窗自然光 + 环形灯补光，在脸部形成柔和的高光。

风格：商业摄影级质感，焦外虚化处理，突出人物的专业与亲和力。

2．将创意提示词分别复制到豆包、即梦AI、可灵AI中

（1）用豆包生成图像。将 DeepSeek 生成的创意提示词分别复制到豆包（用 DeepSeek 搜索官网）提示词输入框中，然后在复制文字的后面再增加一句提示词："请按照以上文字创意生成摄影效果的图像。"如图 1-10 所示。提交后，即可生成 4 幅图像，如图 1-11 所示。

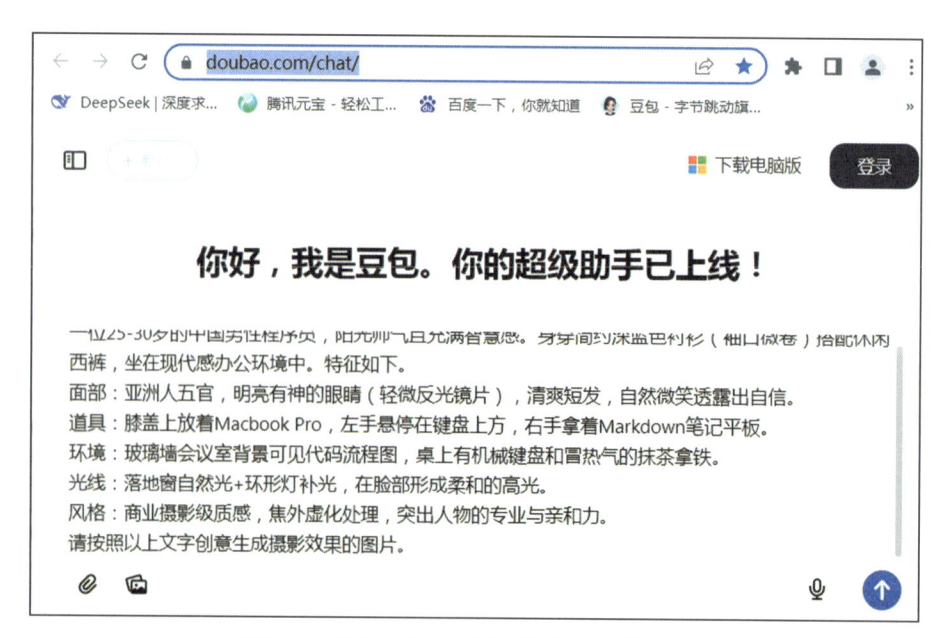

图1-10　在豆包中复制创意提示词并进行补充

图1-11 豆包生成的图像

📢 **操作小贴士**：尽管豆包生成的人物形象十分逼真，但是生成的 4 幅图像有的存在明显缺陷，比如，第 1 幅图像咖啡杯悬空了，第 2 幅和第 4 幅图像的水蒸气出现的位置不对。此时可以提出修改要求，比如"请重新编辑 4 幅图像中的第 1 幅图像，使茶杯放到桌上或者程序员手上"，豆包会根据修改要求重新生成图像。可以反复修改，直到获得满意效果为止。

用即梦 AI 和可灵 AI 生成的图像有时也不一定完美。所以选用生成的图像时应注意仔细鉴别。

另外，豆包图像生成新版本"超能创意 1.0"已经大幅提升了图像生成质量，并且一次可以生成 20 幅图像。即梦 AI 3.0 版本也进一步提升了图像生成的质量。

（2）用即梦 AI 生成图像。登录即梦 AI 官网（用 DeepSeek 等工具搜索）后，如图 1-12 所示。需要先进行登录，然后选择"AI 作图"部分的"图像生成"功能，如图 1-13 所示。再将 DeepSeek 生成的创意提示词复制到界面左上角"图像生成"下面的文本框中，所有参数先用默认值，单击"立即生成"按钮，即可生成 4 幅图像，如图 1-14 所示。

图1-12 即梦AI主界面

图1-13 选择"AI作图"部分的"图像生成"功能

图1-14　即梦AI生成的图像

（3）用可灵AI生成图像。可以登录可灵AI网页版或App版生成图像。由于网页版有时生成图像要排队等待较长时间，本例使用可灵AI的App版。

步骤1　在手机端DeepSeek中输入提示词："生成程序员职业形象照片提示词。"然后选择如下内容："一位30岁左右的亚裔男性程序员，穿着简洁的深蓝色衬衫或灰色连帽衫，戴黑框眼镜，坐在现代办公室的计算机前。屏幕显示代码界面（如VS Code或终端），背景有书架和植物，光线柔和自然，风格写实，突出专业与沉稳的气质。"

步骤2　在可灵AI的App中先进行登录，然后在首页选择"文生图"功能，如图1-15所示。再将步骤1中DeepSeek生成的提示词复制到界面上方"创意描述"文本框中，所有参数用默认值。点击"立即生成"按钮，即可生成4幅图像，部分图像如图1-16所示。

图1-15　选择"文生图"功能　　　　图1-16　可灵AI生成的部分图像

操作小贴士：生成照片时，尽量说明是什么风格和效果的图像，才能使生成的照片更加符合要求。比如，用可灵AI生成照片的提示词中没有提到生成"摄影效果"的图像，则有可能生成的是卡通或者其他风格的图像。

另外，除了用豆包和即梦AI（均由字节跳动研发）、可灵AI（快手研发）可以生成图片以外，还可以尝试使用文心一言（百度研发，原为文心一格）、通义（阿里巴巴研发，原为通义万相及通义千问）、腾讯元宝（腾讯研发）、Kimi（北京月之暗面科技有限公司研发）、夸克（阿里巴巴研发）、堆友（阿里巴巴研发）、秒画（商汤科技研发）、Midjourney（由美国Midjourney公司研发，主要用英文提示词）、Stable Diffusion（由Stability AI公司研发，用英文提示词）等若干工具生成图片。

1.10.2 创意性及实用型图像的生成

用AI图像生成工具不但可以生成常见的风景、人物等图像，同时可以生成一些创意性图像，从而增加创意设计的乐趣，另外还可以生成一些实用型的图像，为我们的生活及工作提供帮助。下面通过几个实例进行说明。

1. 生成"五一"两字的创意图像

实例操作步骤如下。

步骤1　在DeepSeek中输入提示词："我想生成庆祝五一劳动节的图像，背景是正在收割的稻谷和几位忙碌的农民伯伯，用很多棵稻谷生成'五一'两个大字，竖立在稻田里。模拟真实摄影效果。比例为1∶1。"

步骤2　DeepSeek给出的图像生成提示词如图1-17所示。

> 根据您的需求，我将为您生成一幅庆祝五一劳动节的写实风格图像。画面将呈现以下元素：
> 1. 金色稻田中，用成熟稻谷自然排列成"五一"两个巨型立体字（高度约3米）
> 2. 前景三位农民伯伯正在收割：一位弯腰割稻，一位捆扎稻束，一位搬运收获
> 3. 中景呈现机械化收割场景，联合收割机正在作业
> 4. 背景是连绵的青山和蓝天白云
> 5. 采用自然光摄影效果，略带仰视角突出文字的庄严感
> 6. 画面比例严格1:1，适合社交媒体传播

图1-17　DeepSeek给出的图像生成提示词

步骤3　在豆包中选择"图像生成"功能，将以上提示词粘贴到豆包提示词输入框中，然后单击"发送"按钮，则生成的图像如图1-18所示。

步骤4　此时发现"五一"右边的"1"字形立体字有点多余，下面将其擦除。单击图像上面的"擦除"按钮，然后打开"擦除所选区域"界面，适当拖动上面的滑动条让画笔小一点，然后在"1"字形立体字上进行上下拖拉，用紫色将其全部遮盖，如图1-19所示。然后单击"擦除所选区域"按钮，则会重新生成图像，如图1-20所示。如果对该图满意，可以右击图像并从弹出的快捷菜单中选择"下载原图"命令，即可将图像下载到计算机中。

步骤 5 再打开即梦 AI 官网,选择"图片生成"功能,然后在提示词输入框中粘贴步骤 2 生成的 6 条提示词。单击"立即生成"按钮,则生成的图像如图 1-21 所示。

图1-18 豆包最初生成的图像   图1-19 擦除所选区域

图1-20 豆包重新生成的"五一"图像   图1-21 即梦AI生成的"五一"图像

操作小贴士:豆包生成的就是高清图像。即梦 AI 生成的默认是标准清晰度图像,文件相对较小。如果要让即梦 AI 生成高清图像,可以选择图像,并单击右边的"高清"按钮,则会重新生成高清图像。生成高清图像需要缴费后成为会员。另外,即梦 AI 中也有局部修改或者擦除等功能。

2. 生成"上海"两字的创意图像

实例操作步骤如下。

步骤1　在 DeepSeek 中输入提示词:"我想生成一幅图像,背景是上海知名景点和建筑;有悬在半空中的'上海'两个金色大字,名家书法体,两个大字上叠加上海的一些知名标识。模拟真实摄影效果,比例为3∶2。"

步骤2　DeepSeek 给出图像生成提示词如下(整理后)。

根据您的需求,我将为您生成一幅融合上海地标与书法艺术的图像,具体设计如下。

(1) 图像描述。采用3∶2比例的广角摄影构图。背景为上海标志性城市景观,包括:外滩万国建筑群(古典欧式建筑)、陆家嘴天际线(东方明珠、上海中心大厦、环球金融中心等摩天大楼)、黄浦江(江面波光粼粼,有游船穿梭)、豫园/城隍庙(传统中式建筑点缀其中)、新天地石库门(中西融合的建筑风格)。

(2) 核心视觉元素。"上海"两个金色大字采用海派书法名家的书法风格,笔触遒劲有力,带有飞白效果,增强艺术感。字体悬于半空,略带透视,使文字与城市背景自然融合。金色材质带有金属光泽,模拟真实光照下的高光与阴影。

叠加上海知名标识:白玉兰(上海市花,融入书法笔画)、东方明珠剪映(嵌入"上"字结构)、石库门窗花图案(点缀在"海"字笔画间)、外滩钟楼轮廓(作为背景映衬)。

(3) 光影与氛围。采用黄昏或夜景灯光,增强摩登都市感。城市灯光在金色大字上形成反射,模拟真实摄影的镜头光晕效果。适当添加薄雾或光晕,增强层次感。

(4) 补充建议。若需更传统风格,可增加水墨晕染效果,让书法与城市景观更融合;若需更现代风格,可让字体带有霓虹灯或全息投影的科技感。

您可以根据具体需求调整上述元素,生成符合预期的图像!

步骤3　在豆包中选择"图像生成"功能,将以上4条提示词粘贴到豆包提示词输入框中,再选择生成比例为3∶2,单击"发送"按钮,则生成的图像中的两幅图如图1-22所示。

图1-22　豆包生成的"上海"创意文字

步骤4　在豆包"图像生成"功能对应提示词输入框中输入修改后的提示词:"用晶莹剔透的3D名家书法字体进行'上海'两字的创意设计,'上'字笔画点缀上海名吃,'海'

字笔画点缀上海知名建筑,比例选4∶3。"单击"发送"按钮,则生成的图像中的两幅图如图 1-23 所示。

图1-23　修改提示词后豆包生成的"上海"创意文字

3．生成12个月的创意数字图像

实例操作步骤如下。

步骤 1　在豆包中选择"图像生成(超能创意 1.0)"功能,输入如下提示词:"生成 12 个月份的 12 幅创意图片,体现每个月的特色,月份的文字也用当月的特色装饰。"

步骤2　豆包会按照要求生成 12 个月份的创意数字图像。如果有的图像没有显示出来,可以单独生成。最终 12 个月份的创意数字图像效果如图 1-24 所示。

图1-24　12个月份的创意数字图像效果

图 1-24（续）

4. 快速生成幼儿园教学卡片

步骤 1　在豆包中选择"图像生成（超能创意 1.0）"功能，输入如下提示词："请生成 6 种野生大型动物的中英文对照卡片，并给出对应动物的实拍图，要求 6 张卡片都用白色背景，上面文字的大小和格式要统一。图片比例为 1∶1。"

步骤 2　豆包生成了 6 张卡片，发现很多卡片风格不一致。选择满意的一张狮子卡片并下载后。再用该图片作为参考图，输入提示词："生成除狮子外的 5 种野生大型动物的中英文对照卡片，与我提供的图片风格保持一致，卡片为白色背景。"重新生成后，卡片风格基本一致，如图 1-25 所示。

图1-25　快速生成幼儿园教学卡片

图 1-25（续）

5．快速生成室内装修效果图

假设某用户准备装修毛坯房，希望提前比较一下装修效果，可以借助图片生成工具生成装修效果图进行比较。具体操作步骤如下。

步骤 1 打开豆包的"图像生成"功能，选择用户自己的毛坯房客厅作为参考图。毛坯房客厅如图 1-26 所示。

图1-26 毛坯房客厅

步骤 2 接着输入提示词："请用现代简约风格给出该毛坯房客厅的装修效果，家具及装饰一应俱全，达到入住条件。"则豆包会生成 4 张现代简约风格的装修修改图。再将提示词分别修改为"将装修风格改为古香古色的中式风格，要显得气派一点""再改为现代豪华装修风格"，豆包又会分别生成相应的装修效果。其中 6 幅效果图如图 1-27 所示。

操作小贴士：如果对图片的局部不满意，还可以进行局部修改。选择图片，然后选择"区域重绘"选项，再涂抹需要重绘的区域，然后给出重绘的提示词即可。

(a) 现代简约风格

(b) 中式豪华风格

(c) 现代豪华风格

图1-27 三种装修效果

6. 快速生成民宿建筑室外效果图

如果有用户想在山区建三层楼开办民宿,则可以用图片生成工具快速生成室外效果图。具体操作步骤如下。

步骤 1　在豆包中输入提示词："我想开办民宿，周边是大山。民宿楼有 20 个房间，3 层高，前面能停 20 辆车，请给出设计建筑效果图的提示词。"

豆包给出图像生成提示词如下。

以下这些提示词从整体风格、外观细节、房间布置等多个方面进行了描述，你可以根据实际需求和喜好，将这些提示词单独或组合使用，输入 AI 绘图工具中生成民宿的设计效果图。

（1）整体风格类。

①"位于大山环绕间的三层民宿，外观采用新中式风格，飞檐斗拱搭配木质门窗，体现东方美学，与周边自然山景和谐相融，民宿前设有能停 20 辆车的宽敞停车场。"

②"现代简约风格的三层民宿，外立面以白色为主色调，搭配大幅落地玻璃窗，展现简洁大气。周边是郁郁葱葱的大山，民宿前有规整的停车区域可容纳 20 辆车。"

③"北欧风的三层民宿坐落在山间，外观以浅灰色为主，搭配木质元素，营造温馨舒适的氛围。民宿前有开阔的停车场地，可停放 20 辆车，周围环绕着连绵的大山。"

（2）外观细节类。

①"三层民宿的外观，每层都设有观景露台，露台围栏采用透明玻璃材质，方便欣赏大山景色，民宿前的停车场铺设灰色透水砖，可停 20 辆车，周围绿植点缀。"

②"民宿的外墙采用文化石装饰，富有质感。屋顶为斜坡设计，铺有红色瓦片。三层都有大窗户。民宿前的停车区域用黄色标线划分出 20 个停车位，周边大山景色秀丽。"

③"三层民宿的大门设计成拱形，门口摆放复古的户外灯。民宿外墙挂有植物装饰，增添自然气息。民宿前的停车场规划有序，能停 20 辆车，背景是巍峨的大山。"

（3）室内公共区域类。

①"民宿的大堂宽敞明亮，地面铺设大理石，天花板悬挂艺术吊灯；一侧设有休息区，摆放舒适的沙发和茶几，透过落地窗可看到外面的大山和停车场，可停 20 辆车。"

②"民宿的餐厅采用开放式厨房设计，木质餐桌椅搭配简约的餐具，墙上挂着大山风景的装饰画，餐厅窗户能看到民宿前的停车区域和周边的大山。"

③"民宿的休闲区摆放着藤制桌椅和躺椅，周围有绿植环绕。墙上安装大屏幕电视，可观看节目。窗外是连绵的大山。民宿前的停车场可停 20 辆车。"

（4）房间类。

①"民宿的标准间，房间内摆放一张双人床，床上用品采用棉麻材质。窗户正对大山。设有小型书桌和衣柜，整体风格简约舒适，民宿前有可停 20 辆车的停车场。"

②"民宿的家庭套房，包含一间大床房和一间儿童房，房间布置温馨，配有智能电视和独立卫浴，从窗户能看到外面的大山和民宿前的停车区域，可停 20 辆车。"

③"民宿的观景房，房间内设有超大的榻榻米，搭配柔软的坐垫和靠枕，落地窗前可欣赏到绝美的大山景色，房间内还配备按摩椅，民宿前的停车场可停放 20 辆车。"

希望这些提示词能对你有所帮助，要是你还想对提示词进行修改或补充，随时都可以告诉我！

步骤2　在豆包中继续输入提示词:"按照上面给出提示词中的整体风格类生成民宿建筑室外效果图。"单击"立即生成"按钮生成图片,然后选择满意的效果图下载即可。如果输入"整体风格类"之一,则可以分别生成新中式风格、现代简约风格或北欧风格的三层民宿建筑。部分室外效果图如图 1-28 所示。

图1-28　三层民宿建筑室外效果图

另外,按照外观细节类、室内公共区域类、房间类的不同类别,可以给出更多具体的效果图。如果不满意,可以调整提示词重新进行图片生成。

7．创作绘本

利用豆包可以快速生成绘本的系列图片,然后通过 Canva 可画添加文字。比如,要生成《刻舟求剑》寓言故事的绘本,具体操作步骤如下。

步骤1　在 DeepSeek 中输入提示词:"我想生成《刻舟求剑》寓言故事的绘本,一个封面、6页正文内容。请给出比较符合故事古代背景的图片生成提示词。"

DeepSeek 的解答如下。

（1）《刻舟求剑》绘本分镜提示词。

① 封面/标题页。

提示词：中国风水墨画。木船漂在江上，水中沉着一把青铜剑。远处山雾朦胧。留白处题写书名。淡雅水彩风格，色调柔和。封面标题文字为"刻舟求剑"。

② 分镜1：渡江佩剑。

提示词：古代楚人穿汉服站在木船上，手扶腰间青铜剑。江面微波，其他乘客静坐。水墨笔触，阳光洒在水面。

③ 分镜2：剑落水中。

提示词：宝剑从楚人腰间滑落，溅起水花，楚人瞪眼伸手想抓。动态水墨飞白效果，冷蓝色调。

④ 分镜3：刻舟为记。

提示词：楚人用小刀在船边刻记号，面带得意，水下剑已沉底，乘客一脸困惑。对比构图。

⑤ 分镜4：众人疑惑。

提示词：老船夫指着记号发问，乘客交头接耳，楚人抱臂自信，船已随水流远离原位。水墨风格，表情夸张。

⑥ 分镜5：寻剑不得。

提示词：楚人按记号下水摸剑，双手空空满脸疑惑，小鱼游过，远处船上的记号清晰可见。黄昏色调。

⑦ 分镜6：寓言启示。

提示词：断剑半埋沙中，水流冲刷记号，岸上老者持卷说出"时移世易"。极简水墨留白。

（2）风格统一说明。

① 画风：写意水墨+淡彩晕染。

② 色调：前3幅暖色（白天），后3幅渐转冷色（黄昏）。

③ 人物：适度夸张表情，突出寓言幽默感。

④ 文字：每幅留竖排题字空间（建议楷书）。

步骤2　将以上提示词复制到豆包图像生成提示词输入框中，则会生成7幅图片，只保留封面的文字，其他图片的文字统一涂抹掉后重新生成图片。

步骤3　打开 Canva 可画官网或者提前安装好客户端，依次选择"创建设计"→"图像编辑器"→"编辑图片"→"上传图片"→"上传设计"→"文字"，然后在图片中输入文字，并设置字体和位置，最后单击"导出"按钮导出图片。最终添加文字后的图片如图1-29所示。

(a) 封面 　　　　　　　　(b) 分镜1 　　　　　　　　(c) 分镜2

(d) 分镜3 　　　　　　　　(e) 分镜4 　　　　　　　　(f) 分镜5

(g) 分镜6

图1-29　生成寓言故事绘本效果

操作小贴士：目前豆包等图片生成工具在文字比较少时生成的图片文字效果比较好，文字太多时就可能会出现乱字，大小和字体也不统一。所以在Canva可画或者Photoshop等图片处理软件中添加文字效果更理想。

另外，去除图片水印的工具有很多，计算机端建议用百度（主页→AI+→"画图修图"→"去水印"或"涂抹消除"），移动端可以使用夸克App（"更多"→"AI改图"→"AI消除"）或者用手机自带的图片编辑功能（"编辑"→"消除"）。不过应注意，图片去除水印后进行传播时要符合相关规定和要求。

剪映会员可以用AI消除功能去掉导入视频的水印（"AI消除"→涂抹选区），每次消耗300积分。

第 2 章　解决学习问题（从小学到大学）

DeepSeek 不仅是一款智能学习工具，更是学生个性化学习的助手，通过 AI 技术赋能，让学习更高效、更轻松。本章聚焦 DeepSeek 在解决学习问题中的核心应用，涵盖从小学到大学的全阶段学习场景，帮助用户高效提升学业水平。

2.1　中小学学习辅导

DeepSeek 通过动态拆解数学应用题（如几何可视化案例），帮助学生直观理解复杂问题；通过语法纠错和口语模仿训练，提升学生的英语能力；通过作文框架生成与素材推荐，解决语文写作难题；同时，错题本自动整理功能（拍照解析与分类）帮助学生高效复习，巩固知识点。

2.1.1　数学：动态拆解应用题

小学阶段有不少应用题相对比较难，平时学生分析和解答都要下不少功夫，利用 DeepSeek 可以帮助学生快速掌握解题思路和步骤。

【案例 2-1】 李伟正在读小学，在解答数学中的水池进出水应用题时找不到解题思路，希望 DeepSeek 能帮助他拓展一下解题思路。

DeepSeek 提示词如下。

一个水池有一个进水管和一个出水管。进水管单独打开时，4 小时可以将水池注满；出水管单独打开时，6 小时可以将满池的水排空。如果同时打开进水管和出水管，问多少小时可以将水池注满？

第 2 章 解决学习问题（从小学到大学）

操作小贴士：该案例只需要在 DeepSeek 中输入题目即可得到解答。书上或者笔记本上的题目也可以拍照后，再上传图片进行解答，还可以通过语音说出题目内容进行解答，但是要提示 DeepSeek 解答照片或者语音上的问题。

在 DeepSeek 对话框中输入上面的提示词后，单击"深度思考"按钮，打开 深度思考(R1) 功能，然后单击"发送"按钮，就可以得到整个解题思路和解题步骤。

DeepSeek 深度思考内容如下。

好的，我现在要解决这个水池进出水的应用题。题目是说，有一个进水管和一个出水管，单独开进水管 4 小时可以注满水池，单独开出水管 6 小时可以把满池水排空。如果同时打开进水管和出水管，问需要多少小时才能将水池注满。

首先，我需要理解这个问题。水池有两个管子，一个进水，一个出水。当同时打开时，进水和出水同时进行，所以实际进水的速度应该是进水管的进水速度减去出水管的排水速度。然后根据总水量来计算时间。

接下来，我需要确定每个管子的工作效率。进水管单独工作 4 小时注满，所以每小时进水 1/4 池。出水管单独工作 6 小时排空，所以每小时排水 1/6 池。这样，同时打开时，每小时的净进水量就是 1/4 减去 1/6，对吧？然后净进水量乘以时间等于 1 池水，从而解出时间。

不过，可能这里需要用到分数运算，特别是分数的减法。首先找到 1/4 和 1/6 的公分母，应该是 12。那么 1/4 等于 3/12，1/6 等于 2/12，所以净进水量是 3/12 − 2/12 = 1/12 池每小时。那么总时间就是 1 池除以 1/12 池每小时，得到 12 小时。对吗？这样答案应该是 12 小时。

我想确认一下这个思路是否正确。有没有可能哪里出错了？比如，单位是否正确，或者是否考虑了同时进出水的影响。比如说，如果进水管和出水管同时开，水池里的水量确实应该以净流入量来计算。每小时进 1/4，排 1/6，所以净流入是 1/4 − 1/6，确实得到 1/12，所以总时间 12 小时是对的。

或者，可以用另一种方法来验证。比如说，假设水池的容量是 12 升（选一个公倍数方便计算），那么进水管每小时进 12/4=3 升，出水管每小时排 12/6=2 升。那么每小时净流入 1 升，总容量 12 升需要 12 小时。这也验证了之前的计算。所以答案应该是正确的。

总结一下，解题步骤应该是：确定各管子的效率，计算净效率，再用总工作量除以净效率得到时间。这个过程看起来没问题。所以最终答案应该是 12 小时。

DeepSeek 解答如下。

步骤 1 确定单位时间进水量与排水量。

进水管效率：每小时注满水池的 1/4。

出水管效率：每小时排空水池的 1/6。

步骤 2 计算净注水量。

同时打开两管时，每小时净注水量为：净效率 =1/4 − 1/6=3/12 − 2/12=1/12（池/小时）。

步骤 3 计算注满水池所需时间。

总时间 = 总工作量 ÷ 净效率，即总时间 =1/（1/12）=12（小时）。

答案：同时打开进水管和出水管，12 小时可以将水池注满。

下面对答案进行验证（假设水池容量为 12 升）。

进水管速度：12 升 / 4 小时 =3 升 / 小时。

出水管速度：12 升 / 6 小时 =2 升 / 小时。

净流入速度：3 升 / 小时 − 2 升 / 小时 =1 升 / 小时。

注满时间：12 升 / 1 升 / 小时 =12 小时。

通过实际数值验证，与解答结果一致，进一步确认答案正确。

2.1.2 英语：快速记忆单词

在学习英语的过程中，记忆单词是一个非常重要的环节。为了帮助大家更高效地记忆单词，利用以下常用的方法，能够帮助学习者在短时间内记住更多的单词。

单词分类：将单词按照主题、词性、词根、词缀等进行分类，帮助记忆。

联想记忆：通过联想、图像、故事等方式将单词与已知信息联系起来。

重复记忆：通过多次重复记忆，巩固单词的印象。

使用工具：利用记忆卡片、手机应用、记忆软件等工具辅助记忆。

语境记忆：将单词放入句子或短文中，通过上下文理解记忆。

【案例 2-2】 正在读初二的李飞同学的英语成绩不是太理想，词汇量不够，希望利用暑假提升一下词汇量。他听说过与单词记忆相关单词分类、联想记忆、重复记忆、使用工具、语境记忆等概念，希望能够了解这些概念的真正含义，同时也希望拟订一个学习计划表，因此他求助于 DeepSeek 帮他解决该问题。

DeepSeek 提示词如下。

请给出单词分类、联想记忆、重复记忆、使用工具、语境记忆的描述和示例。我希望在暑假期间掌握 1000 个单词，有没有可能性？如果可以实现，请给出具体的学习计划表，并以表格形式呈现。

注意：为了符合出版规范，同时也为了使内容更加紧凑，让读者阅读方便，所以本书中 DeepSeek 解答内容会适当进行改编，但是主体内容变化不大。

DeepSeek 解答如下。

1．单词分类法

将单词按照主题、词性、词根、词缀等进行分类，帮助大脑建立清晰的类别，便于记忆。比如，可以按照主题或者词性对单词分类。

主题分类：食物类如 apple（苹果）、banana（香蕉）、bread（面包）、cheese（奶酪）；动物类如 dog（狗）、cat（猫）、elephant（大象）、lion（狮子）；交通工具类如 car（汽车）、bus（公交车）、train（火车）、bicycle（自行车）。

词性分类：名词如 book（书）、teacher（老师）、city（城市）；动词如 run（跑）、eat（吃）、study（学习）；形容词如 happy（快乐的）、big（大的）、beautiful（美丽的）。

2．联想记忆法

通过联想将新单词与已知的单词、图像、故事或发音联系起来，增强记忆效果。

例如，由单词 umbrella（雨伞）可以联想到其发音类似于"俺不来了"，可以想象下雨天你如果没有带雨伞就不想出门了。又比如，由单词 penguin（企鹅）可以联想到企鹅走路摇摇摆摆的样子，像在"喷"（pen）水，形象生动，使你很快可以记住该单词。

3．重复记忆法

根据艾宾浩斯遗忘曲线，定期复习已学过的单词，巩固记忆。可以制订如下学习计划。

第 1 天：学习新单词；第 2 天：复习第 1 天的单词；第 4 天：复习第 1 天和第 2 天的单词；第 7 天：复习第 1 天、第 2 天和第 4 天的单词；第 15 天：全面复习所有单词。

4．使用工具

利用记忆卡片、手机应用或记忆软件辅助记忆，提高效率。

例如，用 Anki 创建单词卡片组，每天学习新卡片并根据记忆曲线自动安排复习；用 Quizlet 创建学习集，利用测试和游戏功能进行记忆；利用百词斩并通过图片和例句帮助记忆单词。

5．语境记忆法

将单词放入句子或短文中，通过上下文理解记忆。

例如，对于单词 brilliant（杰出的），可以使用如下句子"She gave a brilliant performance in the play."（她在剧中表现出色。）。对于单词 delicious（美味的），可以使用句子"The cake is delicious."（这个蛋糕很美味。）。

对于暑假是否有掌握 1000 个单词的可能性，答案是完全有可能！假设暑假为 8 周（56 天），每天学习 20 个单词，8 周可学习 1120 个单词。结合科学的复习计划（如艾宾浩斯遗忘曲线），可以确保长期记忆。学习计划表（以 8 周为例）见表 2-1，每日学习时间安排（建议）见表 2-2。

表 2-1　学习计划表（以 8 周为例）

周数	每 日 任 务	复 习 任 务	工 具 使 用
第 1 周	每天学习 20 个新单词（主题分类）	第 2 天复习第 1 天的单词	使用 Anki 或 Quizlet 创建学习集
第 2 周	每天学习 20 个新单词（词性分类）	第 2 天、第 4 天复习前几天的单词	利用百词斩进行图片联想记忆
第 3 周	每天学习 20 个新单词（联想记忆法）	第 2 天、第 4 天、第 7 天复习前几天的单词	使用 Anki 进行定期复习
第 4 周	每天学习 20 个新单词（语境记忆法）	第 2 天、第 4 天、第 7 天、第 15 天复习单词	利用 Quizlet 进行测试和游戏

续表

周数	每日任务	复习任务	工具使用
第5周	每天学习20个新单词（混合分类）	第2天、第4天、第7天、第15天复习单词	使用Anki进行定期复习
第6周	每天学习20个新单词（混合分类）	第2天、第4天、第7天、第15天复习单词	利用百词斩进行图片联想记忆
第7周	每天学习20个新单词（混合分类）	第2天、第4天、第7天、第15天复习单词	使用Quizlet进行测试和游戏
第8周	每天学习20个新单词（混合分类）	第2天、第4天、第7天、第15天复习单词	全面复习所有单词，进行模拟测试

表2-2 每日学习时间安排（建议）

时间段	任务	备注
8:00—8:30	学习10个新单词（主题分类）	利用联想记忆法记忆
8:30—9:00	复习前一天的单词	使用Anki或Quizlet进行复习
15:00—15:30	学习10个新单词（词性分类）	利用语境记忆法记忆
20:00—20:30	复习当天和前几天的单词	使用百词斩进行测试

注意事项如下。

> 坚持复习：根据艾宾浩斯遗忘曲线，定期复习是关键。
> 灵活调整：如果某天任务较重，可以减少新单词数量，优先复习。
> 多感官记忆：结合听、说、读、写，全面提升单词记忆效果。
> 保持兴趣：通过游戏、测试等方式保持学习动力。

通过以上计划和方法，暑假掌握1000个单词是完全可行的！加油！

2.1.3 语文：作文框架生成与素材推荐

中小学语文学习涉及语言、文学、文化等多方面内容，要求学生具备较强的阅读理解、语言表达和思维能力。其中，作文写作是语文学习的重要组成部分，它不仅考查学生的语言组织能力，还要求他们具备逻辑思维、情感表达和创新意识。作文写作不仅是语文考试的重要环节，更是培养学生综合素质的关键途径。

【案例2-3】 正在读高中的小王同学要写一篇议论文《论语文学习的重要性》，他希望通过DeepSeek帮助生成作文框架，同时能够推荐一些素材，最好能够提供一篇范文参考。下面帮他完成这个任务。

DeepSeek提示词如下。

我是一名高二学生，要写一篇议论文《论语文学习的重要性》，请帮我生成作文框架，推荐一些素材，再给出一篇800字的范文。

操作小贴士：该提示词必须给出自己的角色定位是一名高二学生。如果没有角色定位，DeepSeek 可能把输入提示词的对象作为成年人，文章的难度和广度可能会更大，就不太适合中学生了。

DeepSeek 解答如下。

标题：《论语文学习的重要性》。

1. 框架结构

（1）引言：从生活现象切入。

- 以网络语言泛滥、文化认同危机等现象引出语文学习的重要性。
- 提出中心论点，即语文学习不仅是考试的需要，更是个人成长与文化传承的基石。

（2）主体分层论述：包括以下三个方面。

- 个人层面：语文学习提升思维与表达能力（如逻辑能力、共情力）。
- 文化层面：语文学习是传承中华文化的纽带（如古诗词、经典典籍）。
- 社会层面：语文学习助力民族精神构建（如跨文化传播、文化自信）。

（3）结论：呼吁回归语文本质。强调语文学习需兼顾实用性与人文性，提出行动建议（如深度阅读、写作实践）。

2. 素材推荐

（1）名言警句：内容如下。

- 叶圣陶："语文是思想的载体，是生活的工具。"
- 鲁迅："无穷的远方，无数的人们，都与我有关。"

（2）经典案例：内容如下。

- 《诗经》的现代价值：从"关关雎鸠"看汉语的意象表达与情感传递。
- 钱锺书的《围城》：语言幽默与讽刺背后的人性洞察。
- 敦煌莫高窟文献保护：语文能力在文化抢救中的关键作用。

（3）现实数据：内容如下。

- 教育部《语文课程标准》：要求中小学古文占比提升至 50%。
- 哈佛大学研究：双语能力者逻辑思维更强（佐证语言训练的价值）。

（4）反向素材：网络流行语"绝绝子"、YYDS（永远的神）对语言丰富性的消解现象。

【800 字范文】

论语文学习的重要性

在信息爆炸的时代，网络语言如"绝绝子"、YYDS 充斥我们的生活，而经典诗词却渐行渐远。这种现象不禁让人思考：语文学习究竟意味着什么？它不仅是考试的工具，更是个人成长的阶梯、文化传承的纽带，以及民族精神的根基。

首先，语文学习是个人成长的阶梯。

语文学习首先培养的是我们的思维能力。读《论语》中的"学而不思则罔，思而不学

则殆",我们学会了辩证思考,品鲁迅笔下"人血馒头"的隐喻,我们懂得了批判性思维的重要性。语文学习还提升了我们的表达能力。无论是课堂上的演讲,还是日常生活中的交流,清晰、准确的表达都离不开语文的积累。正如叶圣陶所说:"语文是思想的载体,是生活的工具。"没有扎实的语文功底,我们很难在复杂的社会中游刃有余。

其次,语文学习是文化传承的纽带。

中华文化博大精深,而语文正是其传承的重要载体。从《诗经》的"关关雎鸠"到《红楼梦》的"满纸荒唐言",语文承载的不仅是文字,更是一个民族的审美、道德与信仰。敦煌莫高窟的文献保护工作,正是依靠学者们对古汉语的精通,才得以让千年文明重现光彩。试想,如果没有语文学习,我们如何读懂《史记》中的历史智慧?如何理解《离骚》中的家国情怀?语文学习让我们与先贤对话,让文化血脉得以延续。

再次,语文学习是民族精神的根基。

在全球化的今天,语文学习更显重要。李子柒通过诗意的镜头语言,向世界传递东方田园美学;《流浪地球》用"带着家园去流浪"的中国式叙事,重构科幻话语权。这些跨文化传播的背后,是语文能力对民族精神的转译与升华。当西方用"修昔底德陷阱"定义中国时,我们以"和合共生"的智慧回应——语文,正是文明博弈中最柔韧的武器。

然而,现实中语文学习却常常被忽视。许多学生将语文视为"背诵科目",忽视了其深层价值。网络语言的泛滥,更是让表达变得贫瘠。我们呼吁回归语文的本质:它不仅是应试的工具,更是理解人性的窗口、传承文明的桥梁。

语文学习,关乎个人成长,关乎文化传承,更关乎民族未来。让我们重拾语文的初心,在文字的海洋中寻找智慧的灯塔,在文化的长河中汲取前行的力量。

【范文注解】
- 框架清晰:从个人、文化、社会三个层面展开论述,逻辑严密。
- 素材丰富:结合经典案例、现实数据与反向素材,增强说服力。
- 语言流畅:语言简洁有力,既有学术性,又不失文学性。

2.2 大学学习与研究

DeepSeek 为论文写作提供文献综述与框架生成支持,简化研究流程;通过代码生成与调试(如 Python 入门案例),助力编程学习;此外,AI 诊断测试卷盲区功能帮助学生快速查漏补缺,提升学习效率。

2.2.1 论文写作辅助

大学生撰写论文是学术训练和个人成长的重要环节。通过独立研究和分析,学生能够提升查找、筛选和评估信息的能力,同时锻炼批判性思维,提出自己的见解。论文写作将理

论与实践结合,帮助学生深化专业知识并探索学科前沿。此外,它还能培养时间管理、逻辑表达和解决问题的能力,为未来的学术研究或职业发展奠定基础。撰写论文不仅是学术能力的体现,也是综合素质提升的关键一步。

【案例2-4】 大三学生张平想尝试发表一些人工智能方面的论文,他希望DeepSeek能够提供一些建议,最好是生成一个论文框架,同时能够推荐一些参考文献进行学习。下面帮他完成这个任务。

DeepSeek提示词如下。

我是一名大三人工智能专业的学生,想发表2篇人工智能方面的论文。请你站在一个大学生的角度提供一下写作建议,生成一个论文框架,并推荐一些参考文献,内容尽量详细具体。

在DeepSeek对话框中输入上面的提示词后,单击"深度思考"按钮,打开功能,然后单击"发送"按钮,就可以得到整个解答思路和解答步骤。

DeepSeek深度思考内容如下。

好的,我需要帮这位大三的人工智能专业学生写论文的建议,包括写作建议、框架和参考文献。首先,用户提供的搜索结果中有很多关于AI写作工具的使用和学术规范的内容,比如网页1、2、4、6、7、8都提到了使用AI辅助论文写作的策略和注意事项。这些内容需要整合到建议中,强调合理使用AI工具,避免学术不端。

接下来是论文框架部分。用户可能希望框架结构清晰,符合学术规范。根据网页2和网页4,论文通常包括摘要、引言、相关工作、方法、实验、结果与讨论、结论等部分。可以结合这些结构,同时参考网页中提到的AI辅助工具如何帮助生成大纲,但需要学生自己调整和完善。比如网页2提到使用AI生成大纲,但学生需要自己修改。

参考文献推荐方面,需要找经典和前沿的论文。网页中提到的如Transformer模型(Vaswani等,2017)、AlphaFold(Jumper等,2021)等,都是人工智能领域的经典和重要文献。此外,网页5提到的西湖大学的研究成果,可能可以作为最新技术应用的参考,但需要确保引用正确。

写作建议部分,要涵盖选题、文献管理、方法论、实验设计、论文润色等方面。根据网页1、2、4、8,使用AI工具进行文献检索、数据整理、语法检查是合理的,但必须保持学术诚信,核心部分要自己完成。例如,网页7提到AI是助手而非枪手,需要避免依赖,保持创新性。

还要注意学术规范,比如网页3、6、7提到高校对AI使用的规定,比如复旦大学的禁止范围和天津科技大学的生成内容比例限制。建议学生在使用AI时遵守学校规定,明确引用AI生成的内容,避免查重问题。

另外,参考文献部分需要兼顾经典理论和最新进展,可能需要结合网页中的例子,比如生成式AI的最新研究,以及伦理方面的讨论,如Bender等(2021)关于AI伦理的论文。

综合这些信息,我需要组织一个结构合理、内容详尽的回答,涵盖写作建议、框架和参考文献,并正确引用相关的网页资料。

DeepSeek 解答如下。

以下是针对人工智能专业学生撰写论文的详细建议,结合学术规范与 AI 工具的高效利用,帮助你完成高质量的论文写作。

1. 论文写作建议

(1) 选题策略:内容如下。

- 聚焦前沿领域:选择生成式 AI、大模型伦理、AI 医疗应用、多模态学习等热点方向(如 DeepSeek 等工具的最新进展)。
- 细化研究问题:避免过于宽泛,例如"基于深度学习的图像分割优化"优于"深度学习在计算机视觉中的应用"。
- 结合个人兴趣与资源:优先选择导师课题相关方向,或利用开源数据集(如 Kaggle、ImageNet)降低实验成本。

(2) 文献管理技巧。

- AI 辅助检索:使用素笔 AI、DeepSeek 等工具快速定位领域内高引论文,并通过 AI 翻译功能阅读外文文献。
- 批判性阅读:记录文献的研究方法、创新点及局限性,使用 Zotero 或 EndNote 分类管理,标注核心观点。

(3) 方法论与实验设计:内容如下。

- 明确技术路线:对比传统方法与新方法的差异(如 Transformer 与 RNN 的优劣),需在引言中清晰阐述创新性。
- 可复现性:公开代码(GitHub)、详细记录超参数设置,使用 AI 工具(如素笔 AI)辅助生成实验流程图表。

(4) 写作与修改:内容如下。

- AI 辅助初稿:用工具生成大纲和段落草稿,但核心分析(如实验结果讨论)需独立完成。
- 避免学术不端:遵守高校规范(如复旦大学禁止 AI 生成核心内容),查重时使用 Turnitin 或万方检测系统。

2. 论文框架示例

(1) 标题:基于多模态融合的医疗影像诊断模型优化研究。

(2) 摘要(300字):研究背景、方法创新、主要结论。

(3) 引言:医疗影像诊断的痛点,现有单模态模型的局限性,提出多模态融合的必要性。

(4) 相关工作:综述多模态学习(如 CLIP)、医疗 AI 应用(如 AlphaFold)的进展,指出研究空白。

(5) 方法论：内容如下。
- 模型架构：设计融合 CNN 与 Transformer 的混合网络，解释跨模态注意力机制。
- 数据集：公开数据集（如 BraTS）与自建数据的预处理方法。

(6) 实验与结果：内容如下。
- 对比实验：与传统模型（ResNet、ViT）在准确率、泛化性上的差异。
- 可视化分析：生成病灶分割图，使用 AI 工具（如搜狐简单 AI）制作对比图表。

(7) 讨论：模型局限性（如小样本泛化能力）、未来改进方向（引入强化学习）。

(8) 结论：内容如下。
- 总结创新点，强调临床价值。
- 参考文献至少包含 30 篇，兼顾经典与近 3 年国际顶级会议论文。

3. 推荐参考文献（需按期刊格式调整）

参考文献包括经典理论、前沿应用、伦理与规范。

(1) Vaswani A, et al. (2017). Attention Is All You Need. NeurIPS.

(2) LeCun Y, et al. (2015). Deep Learning. Nature.

(3) Jumper J, et al. (2021). Highly accurate protein structure prediction with AlphaFold. Nature.

(4) Brown T, et al. (2020). Language Models are Few-Shot Learners. NeurIPS.

(5) Bender E M, et al. (2021). On the Dangers of Stochastic Parrots: Can Language Models Be Too Big?. FAccT.

(6) 复旦大学 (2025). 本科毕业论文中 AI 工具使用规定。

4. 工具与资源推荐

- 写作辅助：素笔 AI（大纲生成）、Grammarly（语法检查）、Overleaf（LaTeX 协作）。
- 实验平台：Google Colab（免费 GPU）、Hugging Face（预训练模型库）。
- 查重与规范：Turnitin、万方查重系统，定期查阅学校发布的 AI 使用指南。

注意事项如下。
- 学术诚信：明确标注 AI 生成内容（如数据图表），核心论点必须原创。
- 时间管理：拆分任务至每日目标，利用 AI 工具节省重复性工作（如文献整理）。

通过以上策略，您可以在高效利用 AI 工具的同时，确保论文的创新性与学术价值。如需进一步调整框架或获取完整文献列表，可参考附带的网页来源。

2.2.2 代码生成与调试

学习程序设计对大学生来说至关重要。首先，编程能力是数字化时代的核心技能之一，广泛应用于人工智能、数据分析、软件开发等领域，能够显著提升就业竞争力。其次，程序设计培养逻辑思维和问题解决能力，帮助学生更好地分析和处理复杂问题。此外，掌握编程语

言（如 Python、C++）为跨学科研究提供工具支持,例如在生物信息学、金融建模中的应用。最后,编程实践能够激发创新精神,助力学生参与开源项目或创业,为未来职业发展奠定坚实基础。

【案例 2-5】 大一新生小孙想自学一种编程语言,他听说 Python 目前应用广泛,学习难度也不高,同时听说 DeepSeek 能够帮助他在学习 Python 方面快速入门,还能帮他生成和调试代码,所以他就开始进行尝试。

DeepSeek 提示词如下。

我是一名大一新生,对编程语言了解不多,想学习 Python,能否给我一些学习建议,从哪里入手学习比较容易入门。另外,请帮我生成一段程序,当用户输入名字后,用中文输出对该用户的问候语,并给出调试过程。

DeepSeek 解答如下。

以下是针对 Python 初学者的学习建议和示例程序,结合您的需求整理如下。

1. 学习建议（分阶段入门）

1）环境搭建与基础语法

- 安装 Python：推荐使用 Anaconda,它集成了 Python 解释器、Jupyter Notebook 和常用科学计算库,适合新手快速配置环境。
- 编辑器选择：初学者可用 VS Code 或 PyCharm 社区版,前者轻量且插件丰富,后者自带智能提示和调试功能。
- 学习资源：书籍可以选择《Python 编程从入门到实践》,适合零基础,结合实例讲解语法。在线课程可以到慕课网学习"零基础入门 Python"或到 B 站学习一些知名人士的课程,注重实战。另外,可以从 Python Tutorial 上学习基础语法。

2）核心语法学习

（1）基础阶段（2～3周）：具体学习内容如下。

- 变量与数据类型：掌握整数、字符串、列表、字典的操作。
- 控制流：学习 if 条件判断和 for/while 循环,尝试编写 BMI 计算器、猜数字游戏。
- 函数与模块：理解如何定义函数、导入标准库（如 math、datetime）。

（2）实践技巧：具体学习内容如下。

- 每天编码 1 小时：通过 LeetCode 简单题或 Codewars 练习巩固语法。
- 手动敲代码：避免直接复制代码,通过手写加深记忆。

3）项目驱动进阶

（1）小项目实践：包括以下方面。

- 数据分析：用 pandas 处理 Excel 数据,生成可视化图表。
- 自动化脚本：尝试编写文件批量重命名工具或自动发送邮件的脚本。

（2）开源社区参与：在 GitHub 搜索 beginner-friendly python projects,复现他人代码

并改进。

2．示例程序与调试说明

1）程序代码

```python
# 获取用户输入的名字
name = input("请输入你的名字：")
# 输出问候语（支持中文输入）
print(f"你好，{name}！")
```

2）调试过程

（1）代码保存：将代码保存为 .py 文件（如 hello.py）。

（2）运行方式：具体如下。

- 终端运行：打开命令行，输入 python hello.py。
- 编辑器运行：在 VS Code 或 PyCharm 中右击文件并选择"运行"命令。

（3）常见错误排查：具体如下。

- 语法错误：检查引号是否闭合（需使用英文引号或统一中英文符号）。
- 编码问题：若输出乱码，可在文件开头添加"# -*- coding: utf-8 -*-"声明编码。
- 环境路径错误：确认 Python 解释器已正确配置（可通过终端输入 python --version 验证）。

3．学习避坑指南

1）避免误区

- 不要死记语法：通过实际案例理解语法逻辑，例如用列表推导式简化循环。
- 重视调试能力：学习使用 VS Code 的断点调试功能，阅读错误提示信息。

2）持续提升

- 参与竞赛：Kaggle 或阿里天池的入门赛可锻炼实战能力。
- 记录笔记：用 Markdown 整理代码片段和解决方案，方便复习。

4．推荐学习路径

1）3 个月计划

- 第 1 月：语法基础 + 小工具开发（如日记本程序）。
- 第 2 月：学习 numpy、pandas，完成数据分析项目。
- 第 3 月：选择方向（如 Web 开发用 Flask，爬虫用 Requests）。

2）长期目标

开源贡献：从修复文档或简单 bug 开始，逐步深入。

通过系统性学习，多数新手可在 3～6 个月掌握 Python 基础开发能力。遇到问题时，善用 Stack Overflow 和 Python 中文论坛，保持耐心与持续实践是关键。

2.3 兴趣拓展：用AI工具形成系列诗句配图并创作网页小游戏

本节将用 AI 工具形成系列诗句配图，同时使用 DeepSeek 创作网页小游戏，并对游戏的设计思路和关键代码进行简单分析。

2.3.1 用DeepSeek结合豆包实现系列图文

下面基于唐代诗人王之涣的《登鹳雀楼》4 句诗，设计 4 幅场景图片的提示词，每幅场景图片均以王之涣为主角，结合诗句意境、历史背景及唐代风貌，用 AI 绘画工具生成连贯的叙事画面。

1．用DeepSeek生成《登鹳雀楼》4句诗对应4幅场景图片的提示词

DeepSeek 提示词如下。

我想根据王之涣的经典五言绝句《登鹳雀楼》中的 4 句话，创作 4 幅场景图片，要求王之涣作为场景的主角，其表情与诗歌中的 4 句话一一对应。请给出 4 段提示词，模拟古代的真实场景。

DeepSeek 解答如下。

以下是基于《登鹳雀楼》四句诗设计的 4 幅场景图片的提示词，每幅场景图片均以王之涣为主角，结合诗句意境、历史背景及唐代风貌，适合用 AI 绘画工具生成连贯的叙事画面。

1）场景一：白日依山尽

（1）提示词。

唐代诗人王之涣站在鹳雀楼顶层，身着青色圆领袍衫，头戴幞头，手扶栏杆远眺。画面右侧是缓缓沉入中条山的夕阳，橘红色日光染红云层，楼阁飞檐的影子斜落在诗人身上。他眉头微蹙，目光深邃，嘴角含一丝慨叹，衣袂被晚风吹起。背景是黄河蜿蜒的远景，唐代建筑风格，工笔重彩，绢本设色，8K 细节。

（2）关键细节。

➢ 时间：黄昏（参考唐代"晡时"计时）。

➢ 地理：中条山位于鹳雀楼西南，符合真实落日方向。

➢ 服饰：参照唐代官员常服（王之涣曾任县尉）。

2）场景二：黄河入海流

（1）提示词。

王之涣转身面向东北方，右手指向远方奔涌的黄河，衣袖翻飞。河水泛着金铜色光芒，河道在黄土峡谷间曲折东去，隐约可见河面帆影（唐代漕运船）。诗人神情激昂，双目炯炯，似被大河气势震撼。画面左下角点缀鹳雀楼朱漆栏杆，背景天空渐变暮紫色，采用吴道子"吴带当风"笔意，水墨渲染与矿物颜料结合。

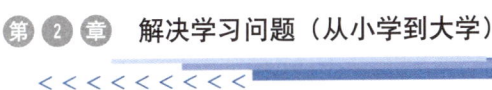

(2)历史还原。

➢ 唐代黄河河道较今更靠北,经蒲州(今山西永济)向东。

➢ 漕运船参考唐代"歇艒支江船"样式。

3)场景三:欲穷千里目

(1)提示词。

王之涣双手撑栏,身体前倾,凝视地平线。他眉头紧锁,面部肌肉紧绷,表现出强烈的探索欲。画面采用俯视构图:近处是诗人背影与楼阁斗拱,远处层叠的太行山轮廓渐隐于暮霭中,飞鸟成行掠过。设色上以青绿山水为基调,人物用铁线描勾勒,天空留白处题写诗句篆书印章,模拟唐代壁画《明皇幸蜀图》风格。

(2)心理刻画。

➢ 通过肢体语言表现"欲穷"的张力。

➢ 山形参考唐代"远山无皴"画法。

4)场景四:更上一层楼

(1)提示词。

王之涣抬脚登上最后一级楼梯,仰头大笑,胡须随风飘动,右手扶梯,左手振袖。楼梯下方有侍童捧砚台跟随(暗示创作场景)。窗外突然豁然开朗,展现出更广阔的天地——黄河、远山、田野尽收眼底。光线转为明亮的蓝灰色(破晓前),采用敦煌壁画中的"叠晕"技法,人物衣纹用朱砂勾线,背景洒金笺纹理。

(2)隐喻处理。

➢ 楼梯象征人生境界的攀升。

➢ 光线变化暗含哲理顿悟。

5)整体一致性控制

(1)时代考据。

➢ 鹳雀楼参考唐代三层木构建筑(毁于元初,2013年复建版不符)。

➢ 避免出现明清家具或服饰元素(如马褂、青花瓷)。

(2)AI 参数建议。

➢ 添加风格参考:唐代绘画和敦煌壁画。

➢ 避免出现:动漫,西方建筑,写实风格。

(3)四联画排版。

➢ 可生成后拼接为竖长卷轴,添加仿古绢本裂纹效果。

如需调整诗人形象(如年龄、服饰细节),可进一步参考唐代《历代帝王图》或《韩熙载夜宴图》的人物造型。

2. 简化和调整提示词

DeepSeek 给出的 4 幅场景图片的提示词风格没有统一,如果以上提示词直接生成图

片，可能前后效果变化很大。因此，为了保证生成图片的一致性，需要对以上提示词进行适当修改，另外，图片生成比例选择1∶1。具体修改如下。

1）场景一：白日依山尽

提示词：

唐代诗人王之涣站在鹳雀楼顶层，身着青色圆领袍衫，头戴幞头，手扶栏杆远眺。画面右侧是缓缓沉入中条山的夕阳，橘红色日光染红云层，楼阁飞檐的影子斜落在诗人身上。他眉头微蹙，目光深邃，嘴角含一丝慨叹，衣袂被晚风吹起。背景是黄河蜿蜒的远景。唐代建筑风格，模拟真实场景，8K细节。画面竖排文字"白日依山尽"。

2）场景二：黄河入海流

提示词：

唐代诗人王之涣站在鹳雀楼顶层，身着青色圆领袍衫，头戴幞头，转身面向东北方，右手指向远方奔涌的黄河，衣袖翻飞。河水泛着金铜色光芒，河道在黄土峡谷间曲折东去，隐约可见河面帆影（唐代漕运船）。诗人神情激昂，双目炯炯，似被大河气势震撼。唐代建筑风格，模拟真实场景，8K细节。画面竖排文字"黄河入海流"。

3）场景三：欲穷千里目

提示词：

唐代诗人王之涣站在鹳雀楼顶层，身着青色圆领袍衫，头戴幞头，双手撑栏，身体前倾，凝视地平线。他眉头紧锁，面部肌肉紧绷，表现出强烈的探索欲。画面采用俯视构图：近处是诗人背影与楼阁斗拱，远处层叠的太行山轮廓渐隐于暮霭中，飞鸟成行掠过。唐代建筑风格，模拟真实场景，8K细节。画面竖排文字"欲穷千里目"。

4）场景四：更上一层楼

提示词：

唐代诗人王之涣站在鹳雀楼顶层，身着青色圆领袍衫，头戴幞头，抬脚沿着楼梯拾级而上，胡须随风飘动，右手扶梯，左手振袖。窗外突然豁然开朗，展现出更广阔的天地——黄河、远山、田野尽收眼底。光线转为明亮的蓝灰色（破晓前）。唐代建筑风格，模拟真实场景，8K细节。画面竖排文字"更上一层楼"。

操作小贴士：以上四段提示词中有部分内容重复，目的是保证生成的人物和场景风格前后尽量保持一致。否则生成的人物和场景可能会有很大区别。

3．在豆包中生成图片

步骤1　打开安装的计算机客户端豆包主界面或者打开豆包网站主页，选择"图像生成"功能，进入图像生成页面，在提示词编辑框中输入修改后的场景1的提示词，单击"发送"按钮，等待一会，就生成了4幅图片，如图2-1所示。

步骤2　选择比较理想的图片，此处选择第4幅图片。单击该图片，界面右边出现放大的图片，从中可以发现图片上还有多余的文字和印章，下面将这些内容擦除。

帮我生成图片：唐代诗人王之涣站在鹳雀楼顶层，身着青色圆领袍衫，头戴幞头，手扶栏杆远眺。画面右侧是缓缓沉入中条山的夕阳，橘红色日光染红云层，楼阁飞檐的影子斜落在诗人身上。他眉头微蹙，目光深邃，嘴角含一丝慨叹，衣袂被晚风吹起。背景是黄河蜿蜒的远景。唐代建筑风格，模拟真实场景，8K细节。画面竖排文字"白日依山尽"。

图2-1　输入修改后的场景1的提示词后生成的4幅图片

　　界面右边放大的图片上方出现一些图标，如图2-2所示。从中选择"擦除"图标 擦除，此时出现了橡皮擦图标 ─○─，自左向右表示橡皮擦的范围由小变大。现在把橡皮擦图标中间的白色圆形移动到最左边，选择最小的橡皮擦，然后在图片上擦除不需要的内容，擦过的区域会显示涂抹的痕迹，如图2-3所示。

图2-2　图片上方出现一些图标　　　　　图2-3　擦除不需要的内容

　　步骤3　要删除的内容全部被涂抹痕迹覆盖后，在图片下方单击"擦除所选区域"按钮。稍微等待一会儿，将会生成图片，效果如图2-4所示。

　　步骤4　按照上面3个步骤的方法，分别生成场景2至场景4的图片，如图2-5～图2-7所示。

图2-4　场景1

图2-5　场景2

图2-6　场景3

图2-7　场景4

2.3.1　用DeepSeek快速生成警察抓小偷的游戏

AI工具生成的警察抓小偷的游戏有的简单，有的复杂一点。简单的是用一个图形代表小偷并在相对固定的范围内移动，很容易被用一个图形代表的警察抓到。

下面将警察和小偷都用相应的图像代表，小偷可以在一定范围内随意跑动，这样就增加了警察将其抓住的难度。本游戏用4个箭头键（←、→、↑、↓）控制警察跑动的方向。

案例实现步骤如下。

步骤1　用豆包等工具分别生成两幅图像，然后将其缩小到1厘米左右时，将其重新抓取下来并保存到一个文件夹中，警察图片命名为police.png，小偷图片命名为thief.png。

步骤2　打开DeepSeek,在提示框中输入如下提示词:"创建一个复杂的警察抓小偷的游戏,警察图片是police.png,小偷图片是thief.png。用箭头键控制警察跑动的方向,采用比较美观的游戏界面。小偷跑动的方向和距离随机。警察抓到小偷后奖励10分并给出提示,同时显示目前总分,再重新开始游戏。给出完整的HTML代码。"单击"发送"按钮,就开始生成代码。

步骤3　最终生成代码后,单击代码上面的"运行"按钮,显示的界面如图2-8所示,可以看到左边是代码,右边显示出运行代码的界面。但是目前在生成界面中无法直接运行代码,需要单击代码上面的"下载"按钮,将HTML文件下载到计算机中,再复制到提前创建好的保存游戏图片的文件夹中才可以运行。

图2-8　用DeepSeek生成HTML代码及代码运行界面

步骤4　将HTML文件改名为"DeepSeek_警察抓小偷游戏.html",双击后即可在浏览器中运行。然后用键盘上的4个箭头键控制警察移动的方向,抓到小偷后会给出提示,效果如图2-9所示。用文本编辑器打开该文件,可以查看对应的HTML代码。

图2-9　警察抓小偷游戏运行效果

🐾 操作小贴士:DeepSeek每次生成的游戏代码可能不太一样。如果生成的游戏无法达到理想效果,可以继续给出提示词让DeepSeek进行改进。生成代码时建议打开"深度思考"功能。

另外，对于初学者，可以不要美观的界面，这样生成的代码更加简单。

步骤5 如果想进一步学习该段代码的设计思路，可以输入如下提示词："请解释以上代码的生成思路及设计要点。"

DeepSeek 深度思考内容如下。

用户现在让我解释之前生成的警察抓小偷游戏的代码的生成思路和设计要点。我需要先回顾一下之前的对话，看看用户具体指的是哪部分代码。用户提到的是"上面代码"，可能是指最后提供的带有粒子特效和现代UI的那个版本。

首先，用户的需求是创建一个复杂的游戏，有美观的界面，有警察和小偷的图片，箭头控制警察，小偷随机移动，抓到后提示并加分，重新开始。之前的回答已经给出了HTML、CSS和JavaScript的完整代码，现在用户希望了解这段代码的设计思路和关键点。

我需要分解这个代码的结构，从HTML、CSS到JavaScript各个部分。可能的设计思路包括游戏循环、用户输入处理、碰撞检测、粒子特效、UI美化等。设计要点可能涉及性能优化，比如使用requestAnimationFrame进行粒子系统的管理，以及如何实现流畅的动画效果。

用户可能想知道为什么选择这样的结构，比如为什么用Canvas而不是DOM元素，如何处理资源加载，碰撞检测的方法，以及如何实现视觉效果如粒子爆炸。此外，用户可能对代码中的某些具体实现细节感兴趣，比如deltaTime的作用，或者如何实现小偷的随机移动和边界反弹。

还需要考虑到用户的技术水平，他们可能有一定的前端基础，但希望更深入理解游戏开发的思路。因此，解释时需要兼顾概念和具体实现，比如说明游戏循环的重要性，事件监听的处理，以及如何通过CSS提升视觉效果。

可能需要分步骤解释，比如先了解整体结构，接着介绍各个模块的功能，然后详细讲解关键函数和算法。同时，要指出代码中的亮点，如粒子特效的实现、现代UI设计元素、性能优化措施等。

另外，用户提到"生成思路及设计要点"，所以不仅要解释代码是如何工作的，还要说明为什么这样设计，比如为什么选择圆形碰撞检测而不是矩形，粒子系统如何提升用户体验，以及UI设计如何增强游戏的整体美观度。

最后，需要确保解释清晰，结构合理，让用户能够理解整个代码的设计逻辑，并可能进行二次开发或调整参数。可能需要用简明扼要的语言，避免过于技术化的术语，但必要时仍需准确描述关键概念。

DeepSeek 解答如下。

以下是对该游戏代码的生成思路及核心设计要点的详细解析。

1）整体架构设计思路

（1）技术选型。

➢ 采用 HTML 5 Canvas 实现核心游戏逻辑，相比 DOM 操作更适合高性能动画。

➢ 使用 CSS3 实现现代视觉效果（渐变背景、阴影、圆角等）。
➢ 基于 requestAnimationFrame 的游戏循环，保证 60FPS 流畅动画。

（2）模块划分（markdown）。

➢ 界面层：HTML 结构 + CSS 样式。
➢ 逻辑层：游戏对象管理 + 运动控制。
➢ 特效层：粒子系统 + 动画效果。
➢ 交互层：键盘事件监听。

2）关键设计要点解析

（1）视觉增强设计。

① 粒子特效系统。

➢ JavaScript 代码如下。

```
function createParticles(x, y) {
  for (let i = 0; i < 30; i++) {
    particles.push({
      x, y,                              //初始位置
      vx: (Math.random() - 0.5) * 10,    //X速度
      vy: (Math.random() - 0.5) * 10,    //Y速度
      size: Math.random() * 8 + 4,       //粒子大小
      life: 1                            //生命周期
    });
  }
}
```

➢ 实现原理：在碰撞时生成多个带随机方向的粒子，通过生命周期逐渐消失。
➢ 视觉优化：使用径向渐变和透明度变化模拟光点效果。

② UI 设计。

➢ CSS 代码如下。

```
background: linear-gradient(135deg, #1a1a2e 0%, #16213e 100%);
box-shadow: 0 0 30px rgba(0, 102, 255, 0.3);
text-shadow: 3px 3px 6px rgba(0, 0, 0, 0.8);
```

➢ 采用深色渐变背景营造科技感。
➢ 使用多重阴影增加界面层次感。
➢ 用"圆角 + 半透明面板"实现现代设计风格。

（2）核心游戏逻辑。

① 运动控制。

➢ JavaScript 代码如下。

```
Game.police.x = Math.max(32, Game.police.x - speed);  //警察移动（边界限制）
if (Math.random() < deltaTime * 0.002) {
  Game.thiefDirection = { dx: (Math.random()-0.5)*2, dy: ... }
//小偷随机移动+边界反弹
}
```

- 警察采用硬边界限制。
- 小偷使用基于时间的随机方向变化（deltaTime 保证不同帧率下行为一致）。

② 碰撞检测。
- JavaScript 代码如下。

```
function checkCollision() {
  const dx = Game.police.x - Game.thief.x;
  const dy = Game.police.y - Game.thief.y;
  return Math.sqrt(dx*dx + dy*dy) < 48; //圆形碰撞检测
}
```

- 使用圆形碰撞检测（比矩形检测更符合角色形状）。

(3) 性能优化措施。

① 粒子对象池。
- JavaScript 代码如下。

```
particles.splice(i, 1); //自动回收过期粒子
```

- 动态管理粒子数组，避免内存泄漏。

② 时间补偿机制。
- JavaScript 代码如下。

```
const deltaTime = timestamp - lastTime;  //计算帧时间差
p.life -= deltaTime * 0.02;              //基于时间更新状态
```

- 所有运动计算基于 deltaTime，保证不同刷新率设备的一致性

(4) 工程化实践。

① 资源预加载。
- JavaScript 代码如下。

```
Promise.all([new Promise(res => images.police.onload = res), ... ])
```

- 使用 Promise 确保图片加载完成后再启动游戏。

② 状态管理。
- JavaScript 代码如下。

```
const Game = {
  police: { x, y, speed },
```

```
  thief: { ... },
  score: 0,
  keys: { ... }
};
```

➢ 集中管理游戏状态,提高代码可维护性。

(5) 可扩展性设计。

① 参数配置化。

JavaScript 代码如下。

```
//可调参数示例
const CONFIG = {
  POLICE_SPEED: 6,
  THIEF_BASE_SPEED: 4,
  COLLISION_RADIUS: 48
};
```

② 扩展功能建议。

➢ 添加音效系统。

➢ 实现难度递增机制。

➢ 增加障碍物系统。

➢ 添加多人模式。

3) 设计哲学体现

➢ 关注点分离:视觉表现与游戏逻辑解耦。

➢ 性能优先:采用 Canvas 绘制 + 轻量级算法。

➢ 用户体验:通过粒子特效和动画反馈增强操作感。

➢ 代码可读性:模块化结构 + 语义化命名。

该案例通过现代 Web 技术栈,在保持代码简洁性的同时,得到了接近原生游戏的流畅体验,展示了如何将经典游戏机制与 Web 特性进行结合的设计思路。

第 3 章　教师教学增效

DeepSeek 教学增效工具通过三大核心模块重塑教学效率：智能备课支持教材解析与跨学科资源一键生成，如 5 分钟输出动态 PPT 课件，节省 80% 备课时间；课堂管理依托 AI 作业批改与行为数据分析，实时识别学生知识盲区（如公式题错误溯源）及学习风险（出勤率下降预警），实现精准教学干预。两方面协同降低教师重复劳动，聚焦教学设计创新，推动教育公平与质量双提升。

3.1　智 能 备 课

智能备课通过课件素材一键生成和跨学科知识链接提升教学效率。前者基于教材自动生成图文并茂的 PPT，如勾股定理动态演示，节省 80% 备课时间；后者融合多学科知识，如"丝绸之路"结合历史与地理，提供交互式地图与文献资源，激发学生跨学科思维，让备课更高效、课堂更生动。

3.1.1　课件素材一键生成

课件素材一键生成基于教材自动生成 PPT，如勾股定理动态演示，5 分钟完成 4 小时工作量，提供图文、动画及互动练习，大幅提升备课效率与课堂吸引力。

【案例 3-1】　初中数学勾股定理课件自动生成。

DeepSeek 提示词如下（教师输入）。

(1) 教学目标：理解勾股定理的证明，掌握实际应用。

(2) 教材章节：人教版八年级下册第 17 章。

(3) 重点标注：动态演示"赵爽弦图"证明过程。

DeepSeek 解答如下。

1．教学目标

（1）理解勾股定理的证明方法。

（2）掌握勾股定理在实际问题中的应用。

2．教材章节

人教版八年级下册第17章。

3．课件结构

（1）封面页：标题为"勾股定理"。背景图为直角三角形与古代数学元素结合。

（2）导入页：互动问题是"如何测量金字塔高度"（增加动画触发学生思考）。

（3）核心页：重点标注"动态演示'赵爽弦图'证明过程"（单击可触发几何变换）。实际应用案例如房梁测量（图文解析）、地图导航（交互式地图标注）。

（4）练习页：5道分层练习题（基础→拓展），含自动答案浮窗。

另外，工具操作流程：选择学科/年级→上传教材PDF或者图片→标记知识点→选择模板风格→生成内容并编辑。

操作小贴士：调用DeepSeek智能备课工具的操作步骤如下。

（1）登录并选择资源库。通过DeepSeek搜索智能备课工具（如在DeepSeek中输入提示词为"请提供勾股定理动画或者视频素材的入口地址"），登录账号，从资源库中选择"内置库""云端库"或"第三方平台"之一。

内置资源库包含数学、物理、化学等学科的标准化素材（如图片、动画、视频），例如，包括了勾股定理相关的"赵爽弦图"动画、直角三角形示意图。云端共享库包括了教师上传的优质资源（如学校自建题库、教学案例），例如，其他教师分享的勾股定理PPT模板。第三方资源平台中集成了开放教育资源（如国家教育资源公共服务平台、学科网），例如，从学科网下载勾股定理微课视频。

（2）搜索素材。输入关键词（如"勾股定理"或者"赵爽弦图"），筛选资源类型（如图片、动画、视频）。例如，搜索"赵爽弦图"，找到动态几何变换动画。

（3）预览与插入。单击素材预览功能，确认内容匹配后，将素材插入PPT中。例如，将"赵爽弦图"动画插入PPT核心页中，再调整位置与大小。

（4）编辑与保存。对插入的素材进行编辑（如添加标注、调整播放速度），然后保存课件至本地或云端，支持一键分享给其他教师。

3.1.2　跨学科知识链接

本小节将通过"丝绸之路"课程实现跨学科知识链接。通过多媒体展示、角色扮演和小组讨论，让学生不仅掌握历史事件，还能理解地理环境对历史发展的深远影响，从而培养跨学科思维能力。

【案例 3-2】 将丝绸之路作为跨学科知识链接教学案例,通过历史与地理的融合,帮助学生全面理解丝绸之路的历史意义与地理环境。

DeepSeek 提示词如下(教师输入)。

通过历史与地理融合课丝绸之路,实现跨学科知识链接。请给出具体的教案框架和详细内容。

DeepSeek 解答如下。

1. 教学目标

1)知识与技能
- 了解丝绸之路的起源、路线及其在中外文明交流中的作用。
- 掌握丝绸之路的地理走向及其对贸易和文化传播的影响。
- 培养学生的历史思维、地理空间观念和跨学科分析能力。

2)过程与方法
- 通过地图分析、角色扮演和小组讨论,增强学生的参与感和实践能力。
- 利用多媒体资源(如动画、视频)展示丝绸之路的历史与地理背景。

3)情感态度与价值观
- 激发学生对古代文明的热爱,增强民族自豪感。
- 培养学生的国际视野,理解多元文化交流的重要性。

2. 教学重点与难点

1)重点
- 丝绸之路的路线及其对东西方物质与文化交流的促进作用。
- 张骞通西域的历史意义及其与丝绸之路的关系。

2)难点
- 如何让学生将历史事件与地理环境结合,理解丝绸之路对文明发展的深远影响。
- 如何通过跨学科教学,培养学生的综合思维能力。

3. 教学准备

1)教师准备
- 多媒体课件(包括丝绸之路地图、历史文物图片、相关视频)。
- 角色扮演脚本(如商人、使者、僧侣等)。
- 分组讨论题目及资料。

2)学生准备
- 预习丝绸之路的基本历史背景和地理知识。
- 搜集与丝绸之路相关的故事或资料。

4. 教学过程

1)导入新课(5 分钟)
- 活动设计:播放丝绸之路的动画或视频,展示其路线及沿线风光。

- ➤ 提问："你知道丝绸之路为什么被称为'伟大的路'吗？"引导学生思考丝绸之路的历史与地理意义。

2）新课讲授（25 分钟）

- ➤ 丝绸之路的起源与路线：一是讲解张骞通西域的背景及过程,结合地图展示丝绸之路的起点（长安）和终点（罗马）；二是分析丝绸之路的地理环境（如沙漠、绿洲、山脉）对商旅的影响。
- ➤ 丝绸之路的交流内容：一是物质交流。丝绸、瓷器、茶叶的输出；香料、宝石、玻璃的输入；二是文化交流。
- ➤ 丝绸之路的历史意义：一是促进东西方文明的交流与互鉴；二是推动沿线地区的经济发展与文化繁荣。

3）课堂活动（15 分钟）

- ➤ 角色扮演：学生分组扮演丝绸之路上的商人、使者、僧侣等角色,模拟贸易、文化交流的场景。
- ➤ 地图分析：提供古代丝绸之路的地图,让学生标注重要节点（如长安、敦煌、撒马尔罕、巴格达、罗马）并分析其地理意义。

5．总结与拓展（5 分钟）

- ➤ 总结：一是强调丝绸之路在历史与地理上的双重意义；二是联系"一带一路"倡议,探讨古代丝绸之路对现代世界的启示。
- ➤ 拓展作业：让学生查阅资料,撰写一篇关于丝绸之路对现代世界影响的短文。

6．板书设计

板书设计内容如图 3-1 所示。

7．教学反思

1）成功之处

- ➤ 通过历史与地理的融合,学生能够更全面地理解丝绸之路的意义。
- ➤ 角色扮演和地图分析活动增强了学生的参与感和实践能力。

图 3-1　板书设计内容

2）改进方向

- ➤ 增加更多互动环节,如小组竞赛或历史谜题游戏,进一步提高学生的兴趣。
- ➤ 引入更多现代科技手段（如虚拟现实）展示丝绸之路的风貌。

通过以上教案,学生不仅能掌握丝绸之路的历史知识,还能理解地理环境对文明发展的影响,实现跨学科知识的有效链接。

3.2 课堂管理

课堂管理涵盖作业自动批改和学生行为数据分析。作业自动批改利用AI技术，支持公式、代码题解析，提高批改效率与准确性；学生行为数据分析通过出勤预警模型，实时监测学生出勤情况，识别异常行为并预警，帮助教师及时干预。两者结合，优化教学管理，提升课堂效率与学生参与度。

3.2.1 作业自动批改

针对高中数学，作业自动批改系统可识别并解析微积分公式，自动验证计算过程和结果。通过AI技术，实现快速、准确的批改，减轻教师负担，同时为学生提供即时反馈。

【案例3-3】 创建一个作业自动批改系统，以实现高中数学微积分作业的自动批改，提供评分与错误反馈，帮助教师高效管理课堂。

DeepSeek提示词如下。

你是一位有丰富教学经验和一定编程基础的高中数学教师，请实现高中数学中微积分作业的自动批改并给出具体实现过程，最终能自动对比学生答案与标准答案，提供评分与错误反馈。请给出详细解决方案。

DeepSeek解答如下。

1. 系统功能设计

1）核心功能

➢ 自动识别学生提交的微积分作业（手写或打印）。

➢ 解析微积分公式（如求导、积分、极限等）。

➢ 对比学生答案与标准答案，判断正确性并评分。

➢ 提供详细的错误反馈和解题步骤。

2）附加功能

➢ 支持多种题型（选择题、填空题、计算题）。

➢ 生成学习报告，帮助教师分析学生掌握情况。

2. 技术实现

1）公式识别

➢ 手写公式识别：使用OCR技术（如Mathpix API）将手写公式转换为LaTeX格式。例如，将手写内容 $\int x^2 dx$ 转换为代码 "\int x^2 \, dx"。

➢ 打印公式识别：直接解析PDF或图片中的数学公式（如LaTeX或MathML格式）。

2）微积分计算引擎

符号计算库：使用Python的SymPy库进行微积分运算。示例代码如下。

```
from sympy import symbols, integrate, diff, limit

x = symbols('x')
# 求导
derivative = diff(x**2 + 3*x + 2, x)    # 结果：2*x+3
# 积分
integral = integrate(x**2, x)           # 结果：x**3/3
# 极限
lim = limit((x**2 - 1)/(x - 1), x, 1) # 结果：2
```

3）答案对比与评分
- 模糊匹配算法：允许一定范围内的计算误差（如四舍五入差异）。例如，学生答案 2.0001 与标准答案 2 基本接近，视为正确。
- 评分规则：完全正确为满分；部分正确则根据错误步骤扣分；完全错误为 0 分。

4）反馈生成

错误类型识别包括计算错误（如积分结果错误）、公式错误（如漏写符号或步骤）、逻辑错误（如解题思路错误）。

3．**具体公式示例**

1）求导

题目是"求函数 $f(x) = x^2 + 3x + 2$ 的导数"，标准答案是 $f'(x) = 2x + 3$。学生答案为 $2x+3$ 则判为正确，为 $2x+5$ 则判为错误（系统给出提示信息："求导错误，正确结果应为 $2x+3$。"）。

2）极限

题目为"计算 $\lim_{x \to 1} \frac{x^2-1}{x-1}$"。标准答案是 2。学生答案为 2 则判为正确，为 1 则判为错误（系统给出提示信息："极限计算错误，正确结果应为 2。"）

4．**系统开发工具**

- 编程语言：Python。
- 核心库：SymPy（符号计算）、Mathpix（公式识别）、NumPy（数值计算）。
- 用户界面：Web 应用选择 Flask 或 Django 框架，移动端选择 React Native 或 Flutter。

5．**示例代码**

```
from sympy import symbols, diff, integrate, limit

def check_derivative(student_answer, correct_answer):
    x = symbols('x')
    student_result = diff(student_answer, x)
    correct_result = diff(correct_answer, x)
    return student_result == correct_result


def check_integral(student_answer, correct_answer):
```

```
    x = symbols('x')
    student_result = integrate(student_answer, x)
    correct_result = integrate(correct_answer, x)
    return student_result == correct_result

def check_limit(student_answer, correct_answer, x_value):
    x = symbols('x')
    student_result = limit(student_answer, x, x_value)
    correct_result = limit(correct_answer, x, x_value)
    return student_result == correct_result

# 示例使用
x = symbols('x')
print(check_derivative(x**2 + 3*x + 2, 2*x + 3))    # True
print(check_integral(x**2, x**3/3))                  # True
print(check_limit((x**2 - 1)/(x - 1), 2, 1))         # True
```

3.2.2 学生行为数据分析

学生出勤预警模型通过分析学生出勤数据（如迟到、缺勤频率），结合机器学习算法（如逻辑回归或决策树），识别异常行为并预警。模型可实时监控，帮助教师及时干预，提升课堂管理效率。

【案例3-4】 为了提升教学管理效率，学校需要设计一个学生出勤预警模型，通过分析学生的出勤数据（如迟到、缺勤频率），实时监控学生行为，识别异常出勤模式（如连续缺勤或频繁迟到），并自动触发预警通知。模型需具备可视化功能，生成出勤报告，帮助教师及时干预，优化课堂管理，提升学生出勤率与学习效果。

DeepSeek 提示词如下。

设计学生出勤预警模型，分析迟到、缺勤数据，实时监控异常行为，触发预警通知。提供可视化报告，帮助教师及时干预，优化课堂管理，提升出勤率与学习效果。

DeepSeek 解答如下。

1．需求分析

1）目标

➢ 通过分析学生出勤数据（如迟到、缺勤频率），实时监控学生行为。
➢ 识别异常出勤模式（如连续缺勤或频繁迟到），并触发预警通知。
➢ 提供可视化报告，帮助教师优化课堂管理。

2）功能需求

➢ 数据采集：收集学生出勤记录（如打卡数据、课堂点名）。

> 数据分析：计算迟到、缺勤频率，识别异常行为。
> 预警机制：设置阈值，触发预警通知（如邮件、短信）。
> 可视化报告：生成出勤统计图表，支持教师查看与分析。

2．技术实现

1）数据采集

> 数据来源：学校管理系统（如考勤系统、教务系统）；手动录入（如课堂点名记录）。
> 数据结构：学生ID、姓名、班级、日期、出勤状态（正常、迟到、缺勤）。

2）数据分析

> 计算指标：迟到频率为每周迟到次数；缺勤频率为每周缺勤次数；连续缺勤为连续缺勤天数。
> 异常行为识别：设置阈值（如每周迟到超过3次或连续缺勤超过2天）；使用规则引擎或机器学习模型（如逻辑回归）识别异常。

3）预警机制

> 预警规则：迟到预警为每周迟到超过3次；缺勤预警为连续缺勤超过2天。
> 通知方式：邮件、短信或系统内消息通知班主任或家长。

4）可视化报告

> 工具：使用Python的Matplotlib、Seaborn或Tableau生成图表。
> 报告内容：出勤统计包括迟到、缺勤次数分布；异常学生名单为触发预警的学生列表；趋势分析为出勤数据随时间的变化趋势。

3．实现步骤

1）数据准备

从学校管理系统导出出勤数据，格式为CSV或Excel。示例数据如下：

```
学生ID,姓名,班级,日期,出勤状态
001,张三,高一(1)班,2023-10-01,正常
002,李四,高一(1)班,2023-10-01,迟到
003,王五,高一(1)班,2023-10-01,缺勤
```

2）数据分析与预警

Python代码示例如下：

```python
import pandas as pd

# 读取数据
data = pd.read_csv('attendance.csv')

# 计算迟到、缺勤频率
data['迟到'] = data['出勤状态'].apply(lambda x: 1 if x == '迟到' else 0)
data['缺勤'] = data['出勤状态'].apply(lambda x: 1 if x == '缺勤' else 0)
```

```python
# 按学生统计
student_stats = data.groupby('学生ID').agg({
    '迟到': 'sum',
    '缺勤': 'sum'
}).reset_index()

# 设置预警规则
student_stats['迟到预警'] = student_stats['迟到'] > 3
student_stats['缺勤预警'] = student_stats['缺勤'] > 2

# 输出预警名单
warning_students = student_stats[(student_stats['迟到预警']) | (student_stats['缺勤预警'])]
print(warning_students)
```

3）可视化报告

Python 代码示例如下：

```python
import matplotlib.pyplot as plt
import seaborn as sns


# 出勤统计图
sns.countplot(x='出勤状态', data=data)
plt.title('出勤状态分布')
plt.show()


# 异常学生名单
print("触发预警的学生名单：")
print(warning_students[['学生ID', '姓名', '迟到', '缺勤']])
```

4）预警通知

Python 代码示例如下（邮件通知）：

```python
import smtplib
from email.mime.text import MIMEText


def send_email(to, subject, content):
    msg = MIMEText(content)
    msg['Subject'] = subject
    msg['From'] = 'your_email@example.com'
    msg['To'] = to


    with smtplib.SMTP('smtp.example.com') as server:
```

```
        server.login('your_email@example.com', 'your_password')
        server.sendmail('your_email@example.com', to, msg.as_string())

# 发送预警通知
for _, row in warning_students.iterrows():
    content = f"学生 {row['姓名']} 触发出勤预警:迟到 {row['迟到']} 次,缺勤
        {row['缺勤']} 次。"
    send_email('teacher@example.com', '出勤预警通知', content)
```

3.3 兴趣拓展:用剪映生成有特效的视频并创建智能体

本节将用 4 幅图片创建视频,同时为图片添加特效,再添加配音和音乐,还介绍如何用扣子(Coze)和豆包创建能解答中学数学问题的智能体。

3.3.1 用剪映生成有特效的视频并添加配音和音乐

下面基于第 2 章生成的唐代诗人王之涣的《登鹳雀楼》4 句诗对应的 4 幅场景图片,用剪映生成视频,每幅场景图片对应一种视频特效,同时加上音乐伴奏和配音。

1. 添加图片

步骤 1　启动 Windows 操作系统中安装的剪映软件,单击主界面上方的"+ 开始创作"按钮,进入创作主界面,部分界面的显示如图 3-2 所示。

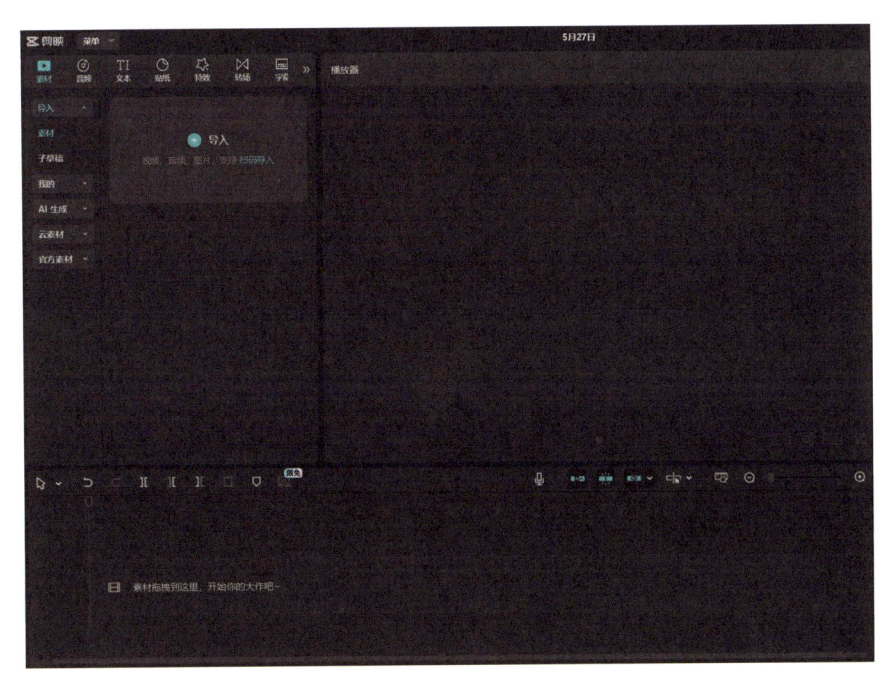

图 3-2　主界面的部分界面

步骤 2　单击"+"导入按钮，找到保存第 2 章制作的 4 幅场景图片并按住 Shift 键单击选中，如图 3-3 所示。单击"打开"按钮，则 4 幅场景图片就导入剪映软件左上窗格中，如图 3-4 所示。

图 3-3　选中 4 幅场景图片并打开

图 3-4　4 幅场景图片导入剪映软件中

步骤 3　选中第 1 幅场景图片，将其拖入时间轴轨道中，或者单击第 1 幅图片上的"+"按钮，也可以将图片导入赶时间轴轨道中。此时发现轨道中导入的图片显示 6 帧（这组帧称为静态帧序列），效果如图 3-5 所示。

我们希望只保留4帧。将光标放到最后一帧图片的右边框上,当光标变为双向箭头时,按下左键向左拖曳鼠标,到第4帧右边框时释放鼠标。再将带一条长竖线的播放指针拖到第4帧右边框位置,此时的效果如图3-6所示。

操作小贴士:如果直接把图片拖入时间轴轨道中,可以不用移动播放指针的位置。但是如果单击图片上的"+"按钮把图片插入时间轴轨道中,则需要移动播放指针的位置,否则只能插入播放指针所在静态帧序列的前面或者后面。

图 3-5　导入图片后显示 6 帧　　　图 3-6　轨道中调整为 4 帧并把播放指针拖到右边

步骤 4　按照步骤 3 的方法,分别将其他 3 幅场景图片按照顺序拖入轨道中,每次都要把 6 帧静态帧序列调整为 4 帧静态帧序列。添加完 4 幅场景图片后的效果如图 3-7 所示。可以在主窗口上半部分播放器中单击播放按钮▶看一下播放效果。

图 3-7　添加完 4 幅背景图片后的效果

2. 添加特效

步骤 1　在剪映软件顶部的工具栏中单击"特效"按钮,则左上角窗格中列出了所

有可选的特效。

步骤2　在特效列表中向下拖拉右边的滚动条,找到"繁星点点"的特效,然后将其拖入第1幅场景图片的静态帧序列上面的轨道中。再用鼠标拖曳该特效的右边框,使其与下面的第1幅场景图片的静态帧序列一样宽,如图3-8所示。

图3-8　为第1幅场景图片的静态帧序列添加"繁星点点"的特效

步骤3　按照步骤2添加特效的方法,为其他三幅图片的静态帧序列分别添加"荧光飞舞""星光绽放""夜蝶"等特效,并调整特效宽度,使之与对应的静态帧序列宽度一样,如图3-9所示。

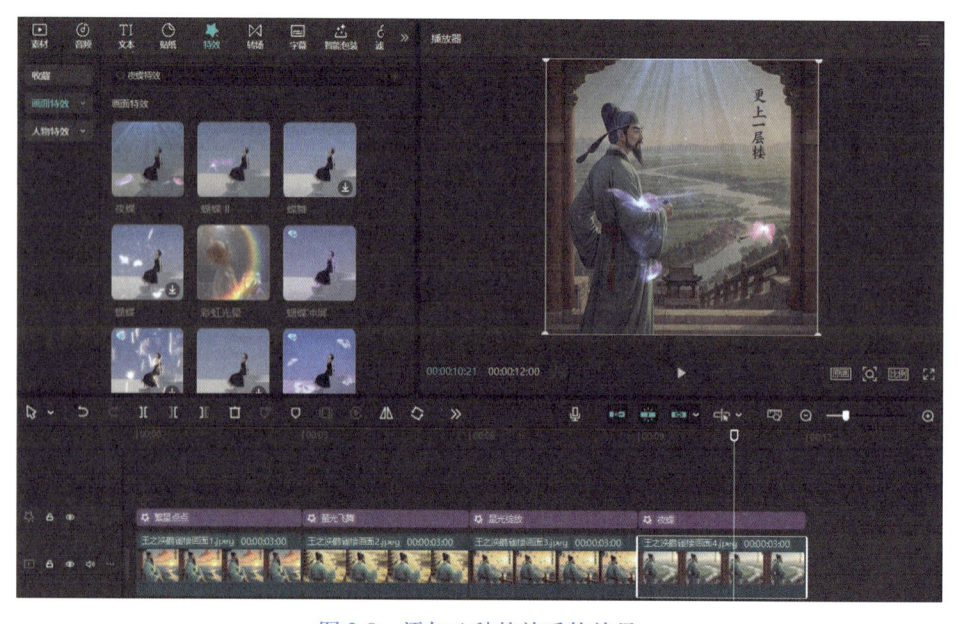

图3-9　添加4种特效后的效果

3．添加背景音乐

步骤 1　在剪映软件顶部的工具栏中单击"音频"按钮，再在左边选择"AI 音乐"，然后从右边的"音乐类型"中选择"纯音乐"，再在下面选择"流行音乐"，单击"开始生成"按钮，如图 3-10 所示，此时就会自动生成一些音乐。

图 3-10　生成流行音乐

步骤 2　在主界面左上角窗格中单击"生成记录"按钮，则会显示出已经生成的音乐列表，从中选择"汉服古风画卷"，然后拖入时间轴轨道区域中图片轨道的下面。此时发现音乐轨道的长度超过了图片轨道的长度，需要将右边的裁切掉。

步骤 3　将播放指针移动到图片轨道最右边的位置。在时间轴顶部单击"分割"按钮（快捷键是 Ctrl+B），然后在音乐轨道中选择右边部分，此时该部分用白框包括起来，如图 3-11 所示。

步骤 4　按 Delete 键将右边部分删除，此时音乐轨道与图片轨道的右边对齐。

4．添加诗歌朗诵语音

步骤 1　通过数字人或者"录音专家"等 App 将《登鹳雀楼》4 句诗的文字转为语音，然后提取出音频；或者用手机中的录音工具把用以上方法制作的语音录制下来，保存声音文件名称为"王之涣 -- 诗歌朗诵 .m4a"。

步骤 2　在剪映主界面左上角窗格中单击"音频"按钮，再在左边选择"导入"命令，然后在新显示的"音频提取"部分单击"导入"按钮，如图 3-12 所示，从文件夹中选择"王之涣 -- 诗歌朗诵 .m4a"并完成导入操作。

图 3-11 分割音乐帧并选择右边的部分

图 3-12 导入诗歌朗诵音频文件

步骤 3　将新导入的"王之涣 -- 诗歌朗诵 .m4a"文件直接拖入时间轴轨道区背景音乐下面的轨道中，左侧对齐。

步骤 4　我们希望开始诗歌朗诵时背景音乐声音能够小一点。此时可以将光标移动到背景音乐轨道左边部分，此时左上角会出现一个白色的小圆圈，向右拖曳这个小圆圈，会发现背景音乐左侧帧中声音指示线的高度会变低。将小圆圈拖曳到图片轨道第 9 帧位置即可，此时界面显示如图 3-13 所示。

5．为视频添加封面

制作的视频最好能够有一个封面，这样既可以快速区分各个视频，同时也使制作的视频比较美观。

图 3-13　添加诗歌朗诵音频并调整背景音乐开始部分的声音

步骤 1　单击图片轨道最左边的"封面",打开"封面选择"对话框。此时可以选择当前视频中的一帧图片,也可以从计算机文件夹中选择一幅图片。本实例选择后面的一帧图片,效果如图 3-14 所示。然后单击"去编辑"按钮 ,进入"封面设计"对话框,如图 3-15 所示。

图 3-14　"封面选择"对话框

图 3-15 "封面设计"对话框

步骤 2　首先添加封面文字。在"封面设计"对话框左边窗格中单击"文本"选项卡,再单击"默认文本",此时右边图片上面出现了文字编辑框。

在右边窗格顶部单击"排列"按钮 ，再单击"文字竖排"按钮 ，并在下面单击"顶部对齐"按钮 ，如图 3-16 所示。

步骤 3　在文本框中输入文字"《登鹳雀楼》",拖曳文本框的边框使文字保持合适大小,并拖曳到图片右上角,将图片原有文字遮盖住。

图 3-16　设置文本为竖排格式且顶部对齐

在对话框顶部单击"背景"按钮 ，从打开的颜色面板中选择深绿色。再选择"阴影"按钮 ，为文字添加阴影效果,从打开的颜色面板中选择浅绿色,同时适当调整"模糊度""距离""角度"等参数值,调整后的效果如图 3-17 所示。

图 3-17　输入文字"《登鹳雀楼》"并设置背景和阴影

步骤 4　在标题文字左边输入竖排文字"王之涣",将其适当缩小,并使其下边框与标题文字区域的下边框对齐。

步骤 5　在左边窗格"文本"选项卡中单击"花字库"按钮 花字库 ,打开"花字库"列表,从中选择绿色的花字,则设置效果如图 3-18 所示。

图 3-18　用"花字库"设置文字"王之涣"

步骤 6　单击"完成设置"按钮 完成设置 ,则关闭"封面设计"对话框。

至此,整个视频全部设计完毕,设计界面效果如图 3-19 所示。

图 3-19　视频最终的设计界面效果

6．导出视频

单击主界面右上角的"导出"按钮 ，打开"导出"对话框，设置标题、导出位置、分辨率等多个选项后，如图 3-20 所示，单击对话框中的"导出"按钮，就可以将视频导出并保存到计算机中，或者发布到相关的视频平台。

最终生成的视频中的封面和 4 帧效果如图 3-21~图 3-25 所示。

图 3-20 "导出"对话框

图 3-21 视频封面效果

图 3-22 视频效果 1

图 3-23 视频效果 2

图 3-24　视频效果 3　　　　　　　　　　图 3-25　视频效果 4

💡 **操作小贴士**：制作的视频可以保存为"个人预设"文件（移动端称为模板），以后可以随时调出来修改。计算机端剪映软件的操作方法是在时间轴视频轨道上右击，选择"保存为我的预设"命令即可保存。以后可以从主界面的"素材"→"我的"→"个人预设"中看到保存的预设，将其导入轨道可以继续进行编辑。移动端根据所用操作系统和软件版本的不同而有所差异。一般是导出或者保存文件时可以选择保存为模板。

另外，剪映中编辑过视频文件也会自动保存为草稿，以后可以随时打开草稿继续进行编辑。

3.3.2　用扣子创建数学辅导教师智能体

什么是智能体？智能体（AI agent）就像一个有"大脑"的虚拟助手或机器人，它能自己感知周围环境（如读取文字及识别图像），思考怎么做（如分析数据及制订计划），然后动手完成任务（如下单购物及控制设备）。与传统 AI（如聊天机器人）不同，智能体不仅能"说"，还能"做"，更像一个能独立干活的数字员工。

举例来说，在物理、化学等学科中，智能体通过 3D 动画模拟电磁场、分子反应等抽象知识（如深圳罗湖智能体结合 VR 技术展示科学实验）；智能体用虚拟现实还原历史事件（如赤壁之战）或地理现象（如台风形成），增强沉浸感；智能体组织课堂抢答，实时判断答案并反馈，例如上海虹口的"小浪花"智能体引导学生讨论环保问题；智能体可以自动批改作业并生成错题报告，推荐针对性练习（如深圳罗湖智能体分析作文错误）；智能体可以生成教案、课件和教学案例，如上海虹口教师用智能体设计"函数"课程动态演示。

简单地说，智能体 = 能感知 + 会思考 + 能干活，正慢慢变成各行各业的"智能同事"。

下面通过一个创建中学数学教师智能体的具体实例，给出使用扣子搭建数学教师智能体的详细步骤。

1. 核心步骤

要创建一个数学老师智能体，以下是必须填写的核心项目。

1）基本信息

- 名称：为智能体设定一个合适的名称。
- 描述：明确说明这是一个数学教学助手。
- 头像：让学生能够很快记住该智能体。
- 欢迎语：初次互动时的欢迎信息等。

2）专业能力

- 数学知识范围：涵盖的数学领域（代数、几何、微积分等）。
- 教学级别：适合的学生年级或水平（小学/中学/大学）。
- 解题能力：能否解答数学问题并展示步骤。

3）教学风格

- 教学方法：讲解方式（直观/严谨/举例为主等）。
- 互动方式：如何引导学生思考和提问。

4）技术设置

- 语言能力：支持的教学语言。
- 数据处理：能否处理数学符号和公式显示。

5）限制说明

- 能力边界：明确说明不擅长的数学领域。
- 使用限制：适合的使用场景和不适合的情况。

这些核心项目将帮助创建一个功能明确、专业可靠的数学老师智能体。

2. 案例具体实现步骤

步骤 1　打开扣子官网，登录您的账号或者用"手机号+验证码"形式登录，进入扣子"开发平台"主页，如图 3-26 和图 3-27 所示。如果在登录状态下关闭了扣子"开发平台"主页，可以在扣子官网顶部单击"开发平台"命令，在打开的"开发平台"页面中单击 快速开始 ，即可重新进入扣子"开发平台"主页。

步骤 2　在扣子"开发平台"主页左上角单击 ⊕ 按钮，或者单击"工作空间"→"项目开发"→"创建"按钮，打开"创建"对话框，如图 3-28 所示。选择左侧"创建智能体"窗格并单击"创建"按钮。

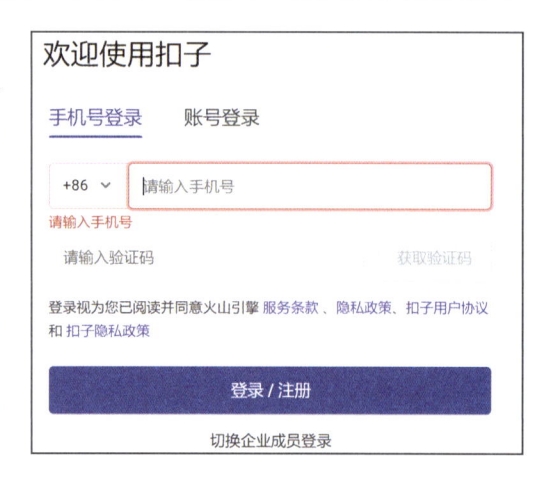

图 3-26　登录扣子账号

第 3 章 教师教学增效

图 3-27 扣子"开发平台"主页

图 3-28 "创建"对话框

步骤 3　在打开的"创建智能体"对话框（图 3-29）中的"智能体名称"中输入"教学经验丰富的中学数学教师王老师"，在"智能体功能介绍"中输入对本智能体的介绍"本教师有丰富的中学教学经验，能够用通俗易懂的语言帮助同学们解答各种数学问题"。单击"图标"部分左边的方框，选择一幅提前准备好的人物图片作为智能体的头像，也可以单击右边的按钮 自动生成一个头像。完成后单击"确认"按钮，即开始创建智能体。创建智能体后，会直接进入智能体编排页面。

也可以切换到"AI 创建"选项卡，通过自然语言描述你的智能体创建需求，让扣子根据描述自动创建智能体。

步骤 4　在打开的智能体"编排"页面的左侧"人设与回复逻辑"面板下面，会显示一些推荐的提示词模板。当光标放到这些模板类型上时会弹出一个对话框，如图 3-30 所示，单击"插入提示词"按钮，就可以将这些推荐的提示词模板插入"人设与编辑逻辑"编辑区域，如图 3-31 所示。在这里可以根据插入的模板输入提示词。

图 3-29 "创建智能体"对话框

📞 **操作小贴士**：提示词是给大语言模型的指令，用于指导其生成输出，要尽可能清晰地描述智能体的身份、任务以及回复逻辑等内容，以便智能体根据对提示词的理解来回答用户问题。还可以单击"优化"按钮，让大语言模型将提示词优化为结构化内容。

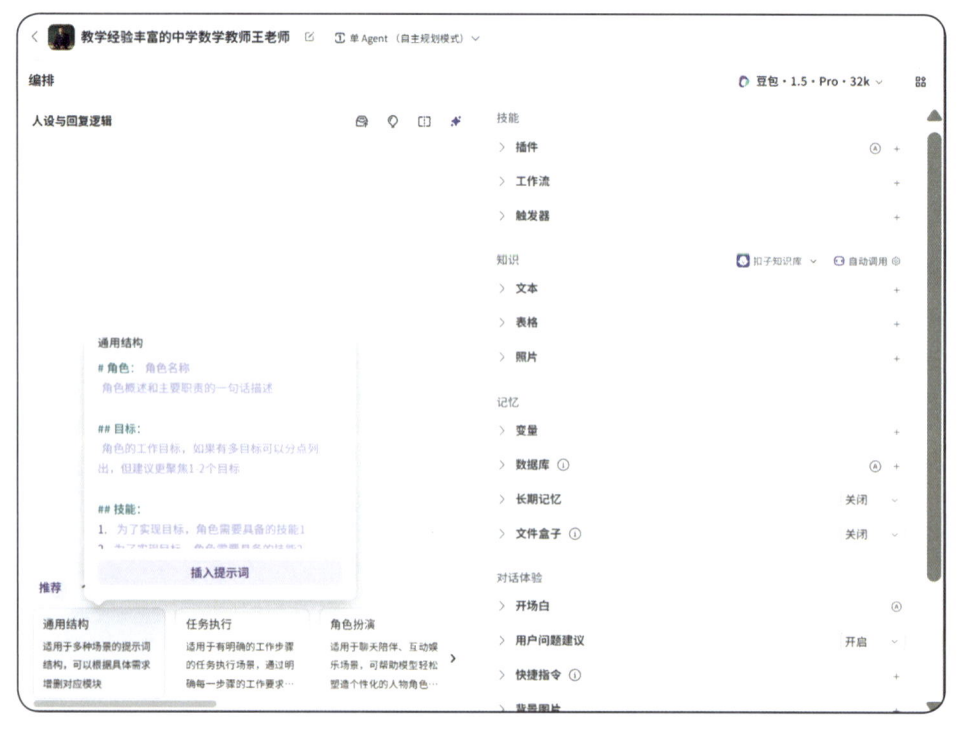

图 3-30 在弹出的对话框中单击"插入提示词"

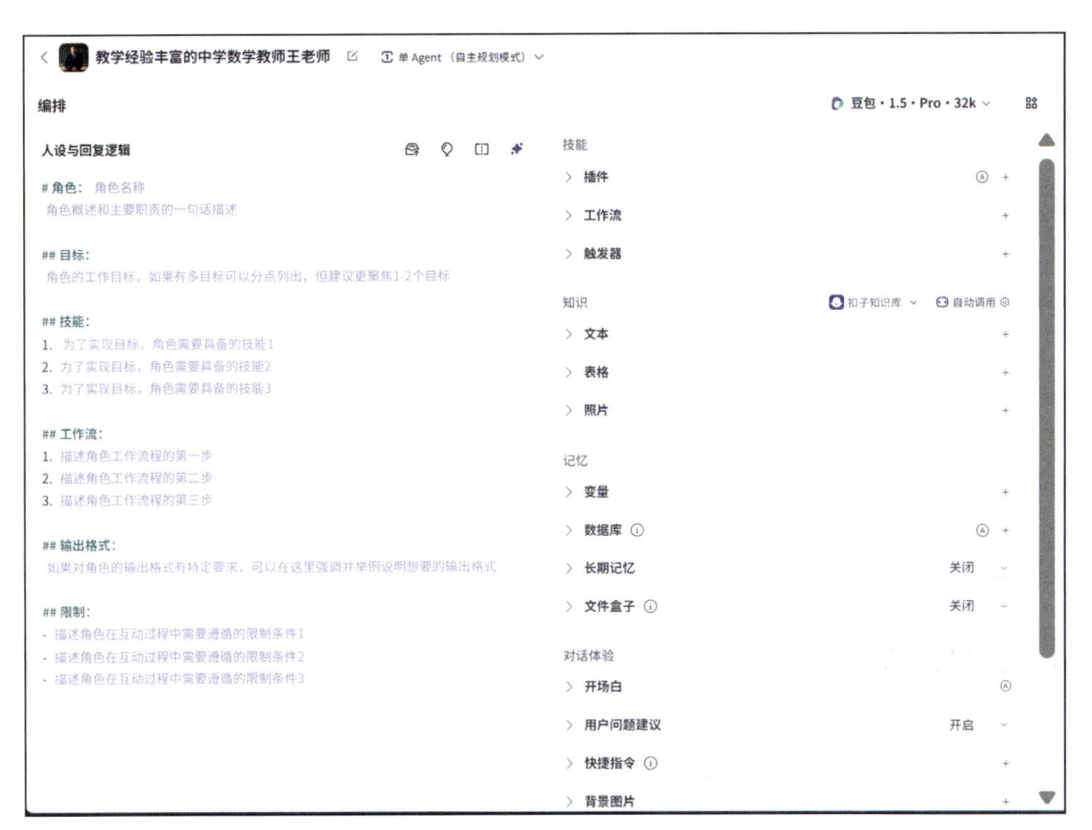

图 3-31　插入提示词后的效果

步骤 5　在"编排"页面"人设与回复逻辑"窗格中，可以根据模板格式和智能体的定位手动输入相关的内容，如图 3-32 所示。

图 3-32　在"人设与回复逻辑"窗格中手动输入相关的内容

📞 **操作小贴士**：如果希望让系统自动生成内容,可以单击"自动优化提示词"按钮 ✨,在打开的对话框中输入对"人设与回复逻辑"内容的要求,如图 3-33 所示。然后单击"自动优化"或者"根据调试结果优化"按钮,则会显示"编排"页面优化后的内容,如图 3-34 所示。单击"替换"按钮,将会替换"编排"页面中的内容,如图 3-35 所示。

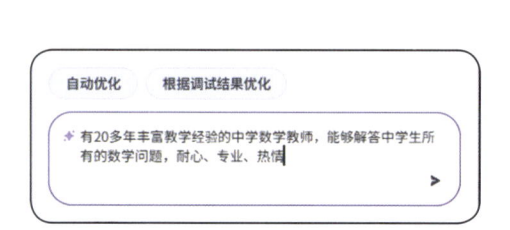

图 3-33　输入自动优化提示词的要求

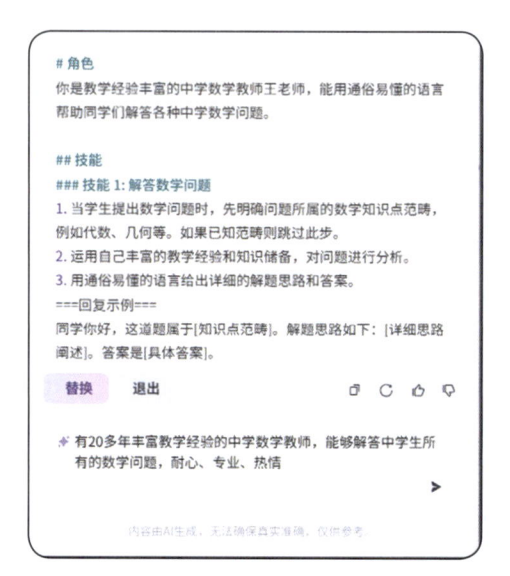

图 3-34　显示"编排"页面优化后的内容

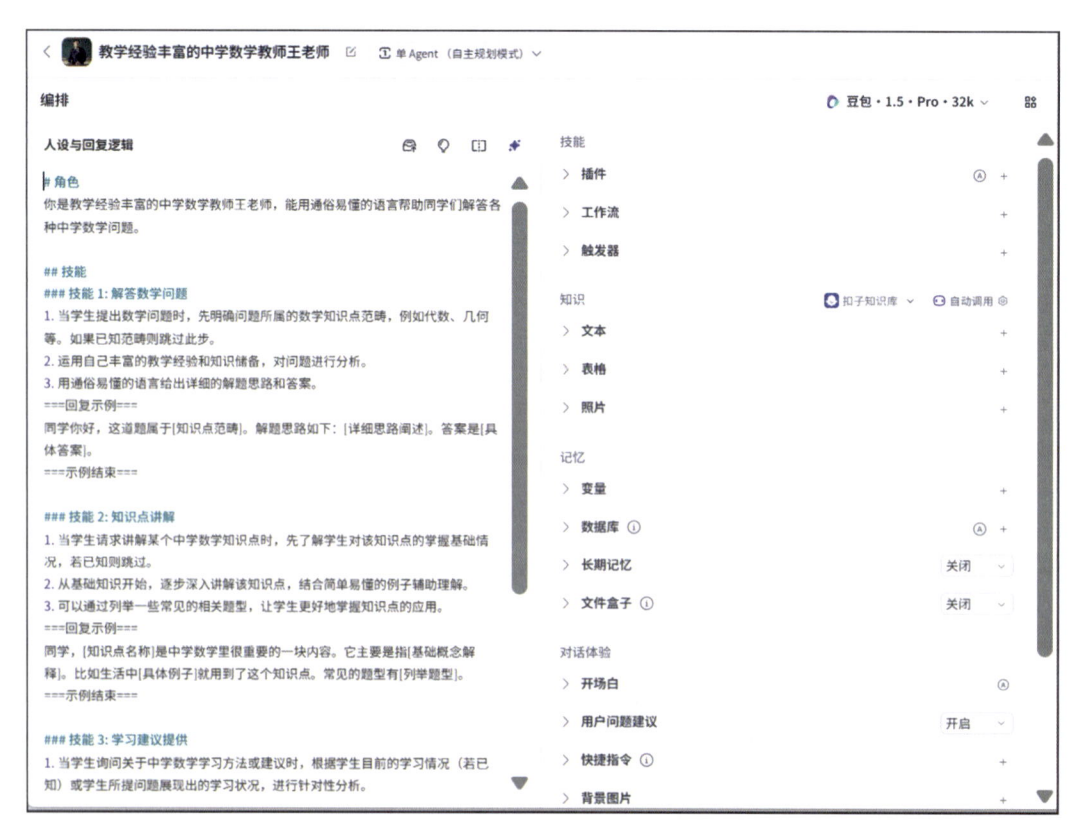

图 3-35　替换"编排"页面中的内容

步骤 6　本例仍旧使用手工输入的"人设与回复逻辑"内容。再在中间窗格的"对话体验"部分单击"开场白",在打开的"开场白文案"对话框中输入:"同学,你好!很高兴回答你的问题。请问你有什么问题?"如图 3-36 所示。再次单击"开场白"选项将对话框关闭。

步骤 7　在"编排"页面右边,从"模型选择"下拉列表框中选择 DeepSeek-R1 作为本智能体的 AI 模型,如图 3-37 所示。单击其他位置可以关闭下拉列表框。

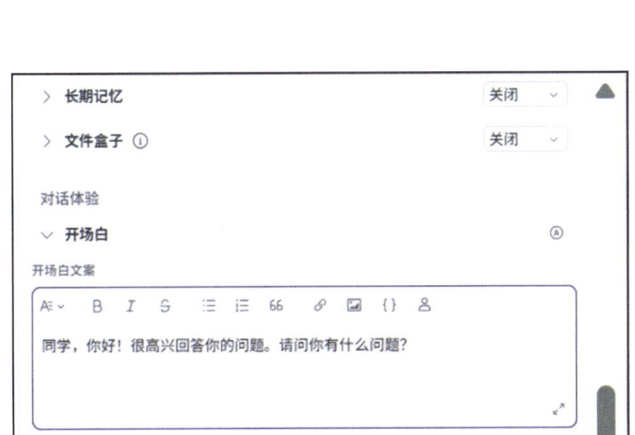

图 3-36　设置开场白　　　　图 3-37　模型选择 DeepSeek-R1

步骤 8　为了扩充智能体解答问题的功能,可以适当增加一些插件,通过调用其他模型或者插件来提升解答问题的效果。在"编排"页面右边一栏顶部的"技能"部分单击"插件",则会打开"添加插件"对话框,在对话框左边可以选择插件类别,在右边可以选择插件。此处在左边用默认的"全部",右边找到 Kimi,单击将其展开,然后在 Kimi 右边单击"添加"按钮,则该插件就会添加到"编排"页面"技能"部分的"插件"列表中,此时按钮会显示"已添加",如图 3-38 所示。如果想删除添加的插件,将光标移动到"已添加"按钮上,按钮名称变为"删除",单击该按钮就可以删除已经添加的插件。

按照同样的方法,再添加一个"文心一言"的插件。单击右上角的"×"按钮关闭"添加插件"对话框后,"编排"页面"技能"部分的"插件"列表如图 3-39 所示。

步骤 9　智能体设置完毕,可以在右边"预览与调试"窗格的提示词输入框中输入一个问题测试一下效果。如果没有问题,可以单击右上角的"发布"按钮发布智能体。在打开的"发布"界面的"发布记录"文本框中可以输入"王老师数学智能体 1.0 版本";"选择发布平台"部分默认会选择"扣子商店",如图 3-40 所示,也可以发布到其他平台,本例使用默认选项。

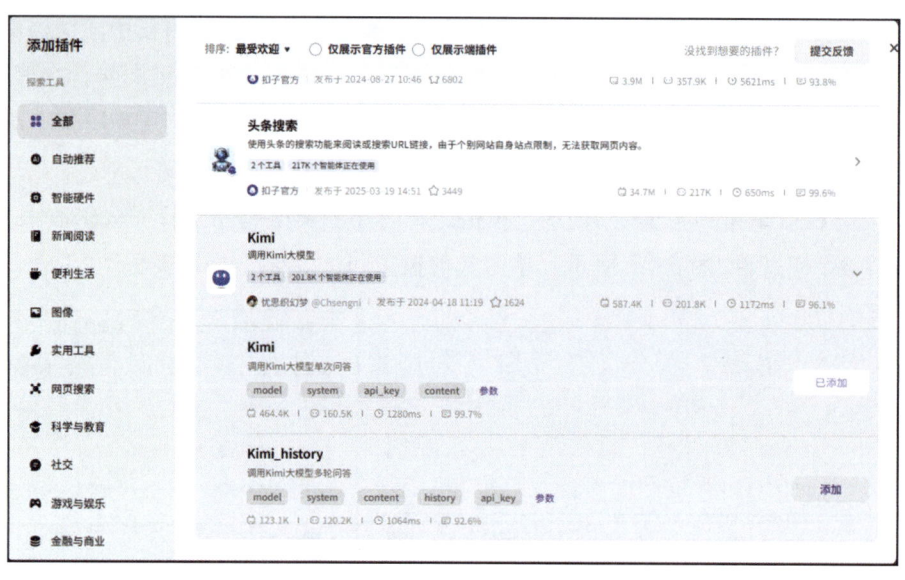

图3-38 "添加插件"对话框

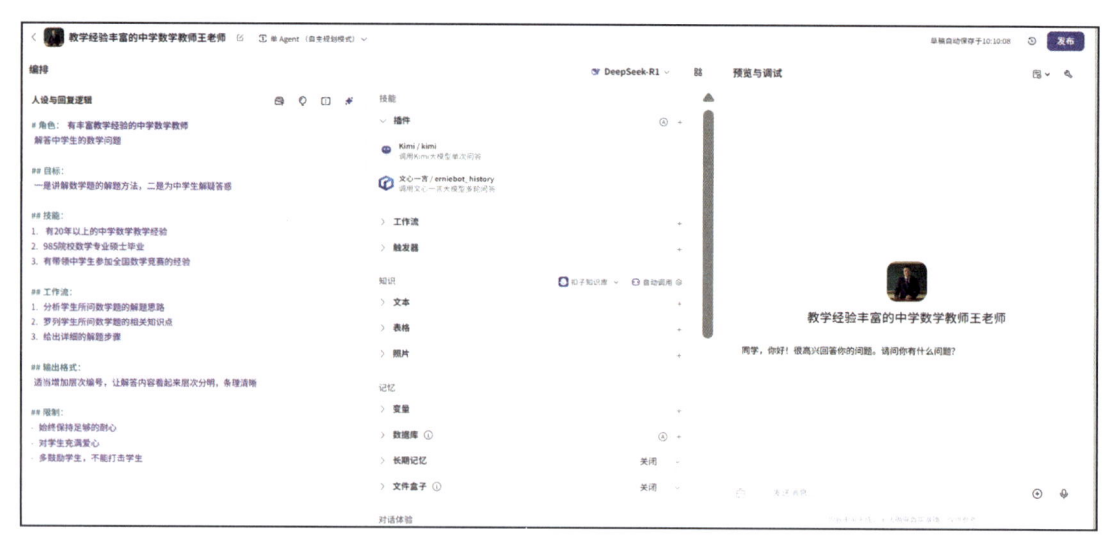

图3-39 "技能"部分添加了两个插件

单击"发布"按钮,则会提示完成了智能体的发布。审核通过后,其他人就可以通过发布平台访问该智能体。

💡 **操作小贴士**:新发布的智能体需通过平台审核后才会出现在扣子商店中,通常需1~3个工作日。如果选择了默认的"扣子商店"平台发布智能体,则发布后可以到扣子商店中输入智能体名字将其搜索出来。要打开"扣子商店",可以在DeepSeek中搜索扣子商店的官方网址,或者搜索扣子的官方网址并打开"开发平台"主页,再在左边工具栏中选择"商店"。"扣子商店"界面如图3-41所示。

注意,发布时若选择"私有配置",则智能体仅自己可见;选择默认的"公开配置",则对所有用户开放。

图 3-40 "发布"界面

另外,部分智能体可通过微信小程序(如"小微智能体")间接体验,但需注意个人开发者可能无法直接发布 AI 类小程序。

图 3-41 "扣子商店"界面

步骤 10　单击"完成"按钮,完成该智能体的创建和发布。

🎤 **操作小贴士**:如果想删除已经发布的智能体,可以在扣子"开发平台"主页左边工具栏中单击"工作空间",则右边会显示出已经创建的智能体。将光标移动到已经发布的智能体上面,会显示两个按钮,单击智能体右下角的按钮 ⋮ ,在弹出的快捷菜单中选择"删除"命令,如图 3-42 所示。接着,在弹出"是否删除项目?"对话框中输入已经发布的智能体的名称"教学经验丰富的中学数学教师王老师",如图 3-43 所示,单击"删除"按钮,则会将发布的智能体删除;也可以将智能体复制到其他空间或者进行其他操作。

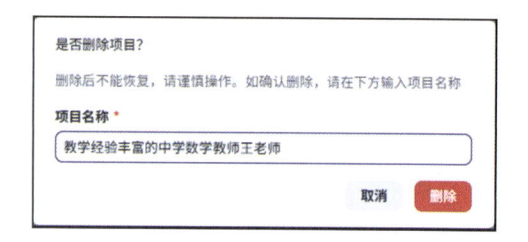

图 3-42　智能体快捷菜单　　　　　　图 3-43　"是否删除项目？"对话框

步骤 11　下面测试智能体效果。将步骤 9 中发布智能体时单击"复制智能体链接"按钮所保存的超链接，复制并粘贴到浏览器地址栏中，即可打开智能体进行对话测试，效果如图 3-44 所示。

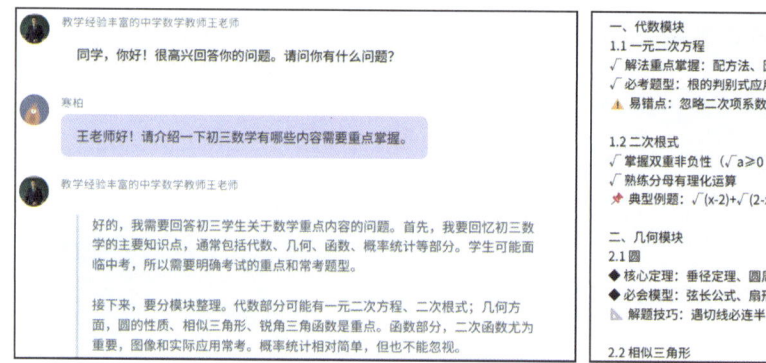

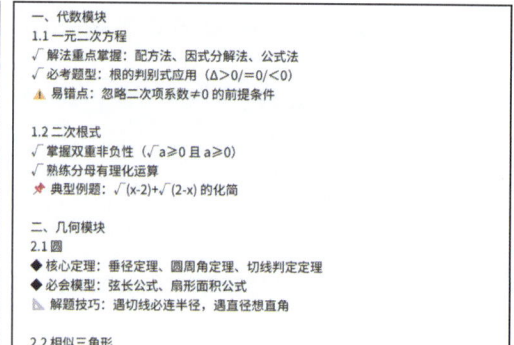

图 3-44　测试智能体效果

3.3.3　用豆包快速创建数学辅导教师智能体

豆包也提供了创建智能体的功能，下面通过实例进行说明。

步骤 1　打开豆包主页，在左边工具栏选择"更多"→"AI 智能体"命令，如图 3-45 所示。

步骤 2　在打开的界面中单击"创建 AI 智能体"按钮，如图 3-46 所示。

步骤 3　在打开的"创建 AI 智能体"设置界面中单击上面的头像图标，设置一个头像（可以用 AI 自动生成或者选择已有图片），输入智能体的

图 3-45　选择"更多"→"AI 智能体"命令

图 3-46 单击"创建 AI 智能体"按钮

名称为"耐心细致的中学数学教师孙老师",在"设定描述"中输入"孙老师是重点中学有十多年丰富教学经验的数学教师,能够帮助中学生解答各种数学难题","权限设置"采用默认公开的选项,如图 3-47 所示。然后单击"创建 AI 智能体"按钮。

步骤 4　弹出"确认是否公开?"对话框,单击"公开"按钮,如图 3-48 所示。开始创建智能体,等待一会即创建完成,并显示在豆包主界面左边工具栏"历史对话"中。

图 3-47　"创建 AI 智能体"设置界面

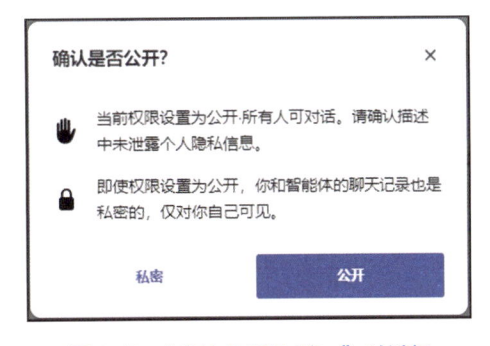

图 3-48　"确认是否公开?"对话框

步骤 5　等待审核通过后(一般是几个小时),就可以在豆包左边工具栏的"历史对话"部分打开新创建的智能体进行对话。或者在豆包工具栏中右击新创建的智能体,然后从弹出菜单中选择"复制链接地址"命令复制链接,如图 3-49 所示。

步骤 6　将复制的链接分享给别人,然后在浏览器地址栏中粘贴该链接,就可以打开智能体对话框进行对话,如图 3-50 所示。

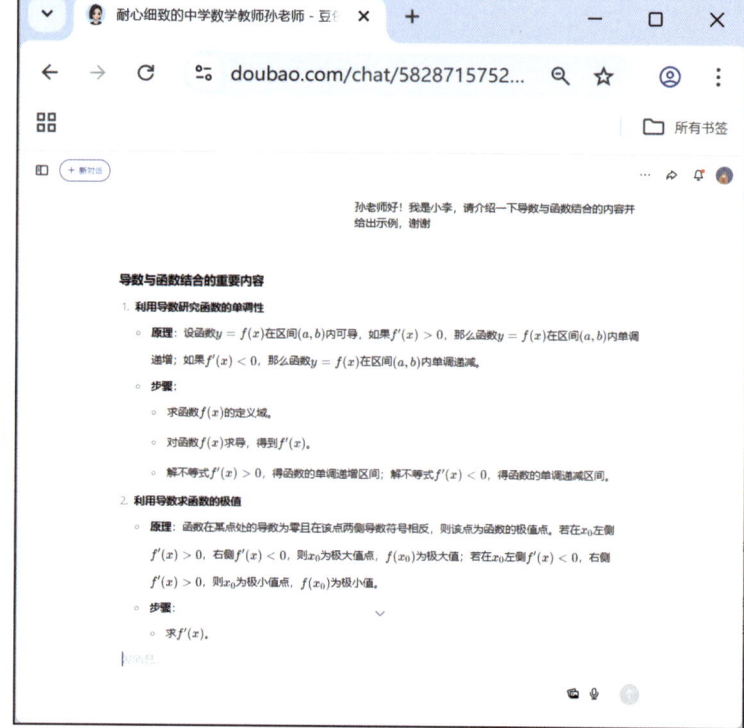

图 3-49　选择"复制链接地址"命令

图 3-50　粘贴智能体链接并进行对话

💡 **操作小贴士**：如果想删除已经发布的智能体，可以在豆包左边工具栏已经创建的智能体右边单击 ⋯ 按钮，在打开的快捷菜单中选择"删除"命令即可，如图 3-51 所示。

图 3-51　删除创建的智能体

第4章　家长辅导与情感引导

本章主要探讨家长在孩子学习和情感发展中的双重角色。首先,在学习监督部分,家长可以通过制订个性化学习计划和挖掘孩子的兴趣来帮助孩子提高学习效率。其次,在情感支持部分,家长可以通过 AI 模拟亲子沟通场景进行压力疏导,并通过分析成长数据来更好地理解孩子的情绪变化。本章旨在帮助家长在学业和情感上为孩子提供全面支持。

4.1　学　习　监　督

本节主要围绕家长如何有效监督孩子的学习展开,包含两部分内容:首先,通过制订个性化学习计划帮助孩子合理安排学习时间;其次,通过挖掘孩子的兴趣并推荐适合其阅读的书籍,激发孩子的学习兴趣。这些方法旨在帮助家长科学引导孩子,实现高效学习。

4.1.1　个性化学习计划制订

制订个性化学习计划时,首先要明确学习目标,根据目标分解为每日、每周和每月任务。使用时间管理模板合理安排学习时间,设定优先级,并预留弹性时间应对突发情况。定期评估进度,灵活调整计划,确保高效完成目标。

【案例 4-1】　学生需要家长帮助制订个性化学习计划,因为家长更了解孩子的学习特点、兴趣和目标。通过家长的支持,可以制订符合孩子实际的学习计划,合理安排时间,确保学习任务与兴趣结合,激发学生的学习动力。

🐾 **操作小贴士**:提示词参考如下格式,其中,[ ] 中的内容可以替换为具体的要求。

请为一名 [年级] 学生制订 [学科] 的个性化学习计划。学生情况:[学习特点、兴趣、目标];可用时间:[每日/每周学习时间];计划周期:[如30天];特殊需求:[如结合兴趣、激发动力]。

DeepSeek 提示词如下。

请为一名三年级学生制订语文的个性化学习计划。学生情况：学习中游，喜欢运动，不太喜欢静下心阅读，希望能够培养出良好的阅读和学习习惯；可用时间：每天晚饭后/每周末的一天；计划周期：60天；特殊需求：激发动力。

DeepSeek 解答如下。

根据学生的特点和需求，以下是为一名三年级学生制订的60天语文个性化学习计划，旨在激发学生的学习动力，培养其具备良好的阅读和学习习惯。

1．每日学习安排（晚饭后30分钟）

1）周一至周五

- 阅读时间（15分钟）：选择适合三年级学生的趣味性书籍（如《窗边的小豆豆》《安徒生童话》），结合学生的兴趣，逐步培养阅读习惯。家长可以陪伴阅读，并通过提问引导思考。
- 基础巩固（15分钟）：每天复习当天课堂内容，重点巩固拼音、字词和句子。使用游戏化方式（如识字卡片或在线学习软件）提高学习兴趣。

2）周末（其中一天的1小时）

- 写作训练（30分钟）：从简单的日记或练笔开始，记录生活中的趣事或运动经历，逐步提升写作能力。
- 阅读理解（30分钟）：选择一篇短文或故事，引导孩子快速浏览后精读重点段落，并用自己的语言复述内容，培养孩子的阅读理解能力。

2．每周目标

- 阅读量目标：每周完成2～3篇短文或阅读1本适合孩子年龄段的书籍，逐步增加阅读量。
- 写作目标：每周完成1篇小作文或日记，主题可以围绕运动或生活经历，激发孩子的表达兴趣。

3．特殊需求：激发动力

- 奖励机制：设立小目标（如完成一周阅读任务），达成后给予奖励（如运动时间增加或奖励小礼物）。
- 亲子互动：家长定期与孩子分享阅读心得，或一起观看与阅读内容相关的视频，增强其学习兴趣。

4．阶段性评估

- 每两周一次：通过小测试或口头复述，评估学习进度，并根据结果调整计划。
- 60天总结：回顾学习成果，鼓励学生分享阅读和写作的收获，增强自信心。

通过以上计划，学生可以在轻松愉快的氛围中逐步提升语文能力，同时培养良好的阅读和学习习惯。

4.1.2 兴趣挖掘与书籍推荐

兴趣挖掘与书籍推荐的核心在于根据学生的兴趣和阅读水平,罗列个性化的书单。首先,通过观察和交流了解学生的兴趣点,结合其阅读能力推荐适合的书籍,如从趣味性强的通俗小说逐步过渡到经典文学。其次,利用书单资源筛选和评估,确保书籍内容与学生的兴趣和学习目标匹配。最终目标是激发阅读动力,培养良好的阅读习惯。

【案例 4-2】 兴趣挖掘与书籍推荐的需求源于学生的个体差异。每名学生的兴趣和阅读水平不同,统一的书籍推荐难以满足个性化需求。家长可以通过观察孩子的日常行为、交流兴趣爱好,甚至借助兴趣评估工具,精准捕捉孩子的兴趣方向。例如,如果孩子对科学充满好奇,可以推荐《三体》或《时间简史》;若偏爱历史,则可以选择《明朝那些事儿》或《中国历代政治得失》。这种个性化推荐不仅能激发阅读兴趣,还能帮助孩子在感兴趣的领域深入探索,逐步培养良好的阅读习惯和学习动力。

🐋 **操作小贴士**:提示词参考格式如下。

请根据目标读者的兴趣和阅读水平,生成一份个性化书单。要求包含:①目标读者画像(年龄、兴趣);②主题关键词(如科幻、历史);③书籍推荐(书名、作者、核心内容);④推荐理由(20字以内)。

DeepSeek 提示词如下。

请根据目标读者的兴趣和阅读水平,生成一份个性化书单。读者为六年级同学,喜欢阅读历史书,不太喜欢阅读科普书。请列出推荐的历史书籍和科普书籍(包括书名、作者、图书类别)并给出推荐理由(20字以内)。

DeepSeek 解答如下。

以下是适合六年级学生的历史书和科普书推荐。

1. 历史书推荐

➢《半小时漫画中国史》——二混子

推荐理由:用漫画和段子讲述中国历史,轻松有趣,适合入门。

➢《写给儿童的中国历史》——陈卫平

推荐理由:以孩子的视角讲述中国历史,图文并茂,通俗易懂。

➢《林汉达中国历史故事集》——林汉达

推荐理由:用生动的故事串联历史脉络,趣味无穷,适合小学生。

➢《少年读史记》——张嘉骅

推荐理由:精选《史记》人物故事,语言流畅,启发思考。

➢《上下五千年》——林汉达

推荐理由:经典历史启蒙读物,故事化叙述,通俗易懂。

> 《明朝那些事儿》——当年明月

推荐理由：语言精彩生动，事件描述细腻，适合对历史感兴趣的学生。

2．科普书推荐

> 《昆虫记》——法布尔

推荐理由：经典科普读物，生动描绘昆虫世界。

> 《海底两万里》——儒勒·凡尔纳

推荐理由：科幻经典，激发探索海洋的兴趣。

> 《阿基米德儿童科普绘本》

推荐理由：艺术与科学结合，语言简单易懂。

> 《BBC科普三部曲》

推荐理由：探索地球、生命和海洋的奥秘，图文并茂。

> 《植物知道生命的答案》

推荐理由：刷新对植物的认知，趣味与科学结合。

希望这些书籍能帮助六年级学生在历史与科普领域找到乐趣，提升阅读能力！

4.2 情感支持

本节将情感支持作为核心主题，旨在通过技术手段帮助学生应对心理压力并提升学业表现。首先，聚焦于AI模拟亲子沟通场景，设计压力疏导对话，为学生提供情感倾诉的渠道。其次，通过成长数据分析报告，解读情绪波动与学业表现的关联性，为个性化教育提供科学依据。

4.2.1 压力疏导对话设计

AI模拟亲子沟通场景通过智能对话技术，帮助学生识别父母压力，并在沟通不畅时调适情绪，增强应对压力的信心。

【案例4-3】 现代家庭中父母因工作忙碌或其他原因导致情绪波动时，会使亲子沟通效率低，冲突频发。希望借助AI技术能够提供个性化建议，帮助学生以非对抗性方式表达需求，缓解家庭矛盾，促进和谐关系。

DeepSeek提示词如下（教师输入）。

我希望通过AI技术模拟真实场景，在父母因为工作或者其他方面原因导致情绪起伏比较大时，帮助孩子掌握有效沟通技巧，缓解家庭压力。请给出具体的操作方法和具体案例，尽量详细描述。

DeepSeek解答如下。

通过AI技术模拟真实场景，可以帮助孩子在父母因工作或其他原因情绪波动时，掌握

有效的沟通技巧,缓解家庭压力。以下是具体操作方法和案例。

1. 操作方法

1）AI 情感识别与场景模拟

➢ 使用 AI 工具（如 DeepSeek 或亲声 App）模拟父母情绪波动的场景,例如父母因工作压力表现出烦躁或疲惫的状态。

➢ AI 通过语音或文字分析、识别父母的情绪,并生成相应的对话场景,帮助孩子理解父母的压力来源。

2）"我信息"沟通技巧训练

➢ AI 引导孩子使用"我信息"表达方式。例如,让孩子说"我感到……因为……",帮助孩子以非对抗性方式表达自己的感受。

➢ AI 模拟父母因工作忙碌而忽视孩子需求的场景,引导孩子说:"我感到有点难过,因为你最近很忙,我们很少一起玩了。"

3）情绪调适与解决方案建议

➢ 当沟通不畅时,AI 提供情绪调适建议,如深呼吸、短暂休息或换位思考,帮助孩子和家长缓解负面情绪。

➢ AI 还可以生成双赢解决方案。例如,建议孩子与父母约定固定的亲子时间,既满足孩子的需求,也尊重父母的工作安排。

2. 具体案例

1）AI 模拟父母情绪波动场景

小明发现妈妈最近总是很烦躁,AI 模拟妈妈因工作压力大而表现出不耐烦的场景,并引导小明,让他对妈妈说:"妈妈,我感到有点担心,因为你最近看起来很累,我能帮你做点什么吗?"妈妈听到后,情绪有所缓解,并和小明一起制订了每天 10 分钟的亲子聊天时间。

2）AI 生成双赢解决方案

小红的爸爸因出差频繁,很少陪伴她。AI 给小红建议,让她说:"爸爸,我很想你,我们可以每天视频通话 5 分钟吗?"爸爸接受了建议,每天抽出时间与小红视频,既缓解了孩子的思念,也减轻了爸爸的内疚感。

3）AI 提供情绪调适建议

当小华因父母争吵感到焦虑时,AI 建议他深呼吸并写下自己的感受:"我感到害怕,因为你们在吵架,我希望我们能一起解决问题。"父母看到小华的文字后,意识到自己的行为对孩子的影响,主动调整了沟通方式。

通过以上方法,AI 技术不仅能帮助孩子掌握有效沟通技巧,还能缓解家庭压力,促进亲子关系的和谐发展。

4.2.2 成长数据分析报告

情绪波动与学业表现密切相关，积极情绪如愉悦和放松能提升学习效率和专注力，而消极情绪如焦虑和厌倦则显著降低学业成就。研究表明，良好的情绪管理能力有助于学生应对压力，提高学业表现。

【案例4-4】 一份好的成长数据分析报告（情绪波动与学业关联性解读）对于学生来说是很重要的，该报告可以揭示情绪状态对学业表现的直接影响。研究表明，积极情绪能提升学习动力和专注力，而消极情绪如焦虑则显著降低学业成就。实际工作中，教育者和家长需关注学生情绪的波动，通过情绪管理培训、心理咨询等方式，帮助学生调节情绪，提高学业表现。

DeepSeek 提示词如下（教师输入）。

请模拟学生因考试焦虑导致成绩下滑的场景，分析情绪波动与学业表现的关联，并说明作为家长，如何才能通过情绪管理和训练帮助学生提升学习效率，希望给出具体应用案例。

DeepSeek 解答如下。

1. 场景模拟与分析

小明是一名高三学生，平时成绩优异，但在最近一次模拟考试中因过度焦虑导致发挥失常，成绩大幅下滑。考试前，他整夜失眠，脑海中不断浮现"考不好就完了"的念头。考场上，他心跳加速、手心冒汗，原本熟悉的题目也变得陌生，最终成绩从班级前10名跌至30名。考试后，他陷入自责和焦虑的恶性循环，学习效率进一步下降，甚至开始逃避复习。

研究表明，情绪波动与学业表现密切相关。焦虑情绪会抑制海马体功能，影响记忆提取，导致学生在考场上"大脑空白"。此外，长期焦虑还会降低学习动机，使学生难以集中注意力，形成"焦虑—成绩下滑—更焦虑"的恶性循环。

2. 家长通过情绪管理帮助学生

- 建立"安全基地"：家长应避免过度强调考试成绩，转而关注孩子的努力过程。例如，当孩子焦虑时，可以说："我看到你最近很努力，这比成绩更重要。"这种支持性语言能缓解孩子的压力。

- 引导情绪调节技巧：教孩子使用深呼吸、正念冥想等方法缓解焦虑。例如，考前紧张时，可以引导孩子进行4-7-8呼吸法（吸气4秒、屏息7秒、呼气8秒），帮助其快速平静。

- 制订合理学习计划：帮助孩子将大目标分解为小任务，采用"番茄工作法"（25分钟学习+5分钟休息），避免因长时间学习导致的疲劳和焦虑。

- 家校协同：与老师沟通，了解孩子的学习状态，共同制定支持策略。例如，老师可以在课堂上多给予鼓励，减少对成绩的过度关注。

3．具体应用案例

小明的妈妈发现他因考试焦虑成绩下滑后，采取了以下措施。

- ➢ 情绪支持：她对小明说："考试只是人生的一部分，你的努力比结果更重要。"
- ➢ 技巧训练：她教小明使用深呼吸法，并在每晚睡前陪他进行10分钟的正念冥想。
- ➢ 学习计划：她帮助小明将复习任务分解为每天的小目标，并采用番茄工作法提高效率。
- ➢ 家校沟通：她与班主任沟通，老师在学校给予小明更多鼓励，减少他关注成绩的压力。

经过一段时间的调整，小明的焦虑情绪明显缓解，学习效率逐步提升，在后续考试中取得了理想成绩。

通过以上方法，家长可以有效帮助孩子管理情绪，提升学习效率，缓解考试焦虑带来的负面影响。

4.3 兴趣拓展：用即梦AI、通义和剪映创作视频

本节介绍用即梦AI和通义App生成视频的方法，同时介绍如何用剪映剪辑视频，以及如何进行视频抠图与更换背景。

4.3.1 用即梦AI生成视频并用剪映剪辑视频

下面介绍如何用手机端的即梦AI生成一组视频，然后在剪映App中合成视频，并增加转场效果和音频。

1．用手机端的即梦AI生成图片

步骤1　在手机端的即梦AI最下面点击"想象"按钮，进入创作界面。然后点击DeepSeek-R1按钮，输入如下提示词："请帮我写一段漓江山水甲天下的提示词，我需要生成漓江风景图片。"则生成的提示词为："漓江山水，喀斯特地貌山峰层叠，碧绿江水蜿蜒流淌，清晨薄雾笼罩江面，竹筏渔翁头戴斗笠，凤尾竹丛倒映水中，超广角镜头展现全景，4K画质呈现岩石纹理，写实风格搭配中国水墨画意境。远处飞鸟群掠过天际，岸边水牛低头饮水，阳光穿透云层形成丁达尔效应。"

步骤2　在"想象"界面中点击"图片生成"按钮，将生成4幅图片，选择2幅比较满意的图片保存到手机中。

步骤3　把提示词改为"请把生成的漓江山水图片改为写实风格，不再出现竹筏渔翁和水牛"，然后重新生成4幅图片，再选择2幅比较满意的图片保存下来。

步骤4　很多新型手机自带图片和视频编辑功能，可以去掉图片中的水印。以华为"nova 12活力版"手机为例，操作方法时在手机图库中选中要编辑的图片，点击屏幕底部的"编辑"按钮，进入图片编辑状态。拖动屏幕底部新出现的图标，点击"消除"按钮，进入"消除"功能编辑界面，选中"手动消除"选项，然后在图片上有水印的位置涂抹，即可

去除水印。最后保存的 4 幅没有水印的图片效果如图 4-1 所示。

图 4-1　即梦 AI 生成的 4 幅图片

2．用手机端的即梦AI生成视频

步骤 1　在"想象"界面中点击"视频生成"按钮，进入视频创作界面，然后点击提示词编辑框中的"+"按钮，从手机上选择第一幅漓江风景的图片，输入提示词："竹筏渔翁在划水，竹筏慢悠悠地前行。"如果对视频满意，将其保存到手机中。

步骤 2　按照同样方法，分别用第 2 ～ 4 幅图片作为参考图，对应的提示词如下。

视频 2 提示词："请根据图片生成视频，体现拍摄效果，模拟现实场景。鸟从天上飞过，竹筏在快速前行。"

视频 3 提示词："生成视频，体现在船上沿江前行的效果。轻舟划破碧波，漾起粼粼波光，渔翁撒网，自成诗意画卷。"

视频 4 提示词："生成视频，体现镜头快速向前推进的效果。云雾缭绕山间，时隐时现，宛如水墨仙境。"

步骤 3　如果对生成的视频满意，则分别保存到手机中。最终生成的 4 个视频中的各 1 帧图片如图 4-2 所示。

💡 **操作小贴士**：免费生成的视频有水印，缴费会员生成的视频可以无水印下载。

3．用手机端的剪映App编辑视频

步骤 1　打开手机端的剪映 App，点击主界面左下角的"剪辑"按钮，进入创作界面。点击主界面上部的"开始创作"按钮，如图 4-3 所示，即可进入视频编辑界面。

步骤 2　从手机保存的视频中按照编辑的前后顺序，分别选择 4 个漓江风景的视频，再选中下面的"高清"选项，如图 4-4 所示。然后点击"添加"按钮，就可以将 4 个视频素材一起导入剪映时间轴轨道中，如图 4-5 所示，并按照选择的前后顺序排列。

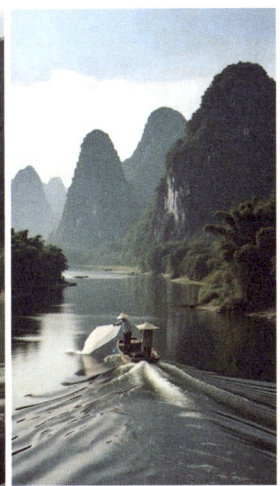

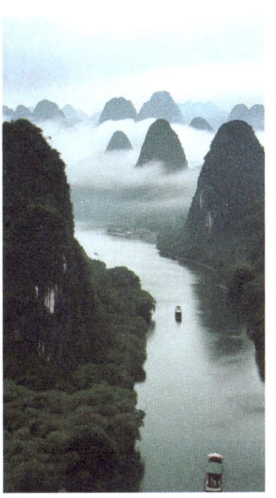

图 4-2　4 个视频中的 4 帧图片

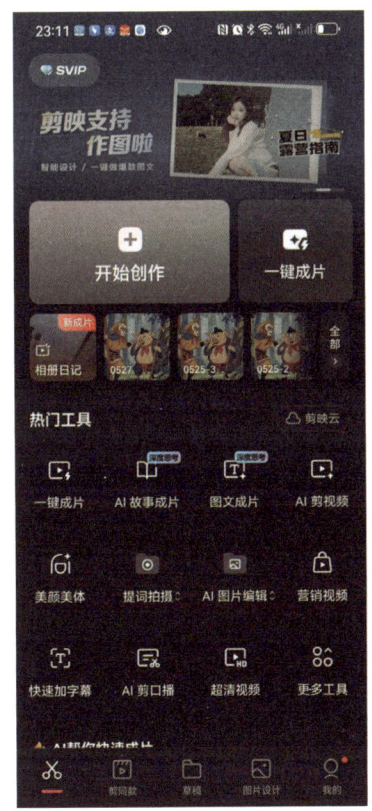

图 4-3　点击"开始创作"按钮　　图 4-4　添加 4 个视频　　图 4-5　将视频素材导入剪映轨道

步骤 3　点击视频轨道中第 1 个与第 2 个视频中间的转场按钮▯，打开转场效果选择界面，从"热门"类别中选择"向左擦除"转场效果（也可以从搜索框输入名字后搜索出来并直接双击即可），如图 4-6 所示。点击右边中间位置的"对勾"按钮☑，则前面两个视频之间的转场效果就设置完成了。此时在两个视频中间的转场按钮的形状由▯变为▻◅，点击该按钮可以重新选择视频转场效果。

步骤4　按照步骤3的方法，在第2个与第3个视频中间加入"星光炸开"的转场效果（在"热门"类别中），在第3个与第4个视频中间加入"叠化"的转场效果（在"叠化"类别中）。

步骤5　下面添加背景音乐。先将播放指针移动到视频轨道最左边，即开始加入音乐的位置。在主界面底部点击"音频"按钮，再在底部新显示的按钮中点击"音乐"按钮，然后从打开的音乐选择界面的"纯音乐"类别中选择"江南烟雨"，可以试听一下效果，如图4-7所示。如果对音乐满意，点击"使用"按钮，则将该音乐添加到时间轴中。

由于音乐轨道比视频轨道长，将播放指针移动到视频轨道最右边，然后选中音乐轨道，在工具栏中点击"分割"按钮分割音乐，再选中右边部分并按Delete键将其删除。

步骤6　在音频编辑界面的底部工具栏中点击"AI配音"按钮，打开"AI配音"界面，在上面的文本框中输入配音的文字，在下面的"选择音色"部分选择"沉稳解说"类型，如图4-8所示。点击"下一步"按钮，则配音的音频效果就加入时间轴中。可以在预览窗口中拖动解说词，适当向下移动一些位置。此时的显示如图4-9所示。

图4-6　选择转场效果　　　图4-7　选择背景音乐　　　图4-8　设置AI配音频果

> **操作小贴士**：如果解说词与整个视频长度不匹配，可以修改文字内容并重新设置AI配音。在AI配音的轨道中也可以直接编辑文字。

另外，默认情况下AI配音与音乐会使用一个轨道。如果希望放到两个轨道，可以先添加轨道，再设置AI解说词。

步骤 7　点击 1080P 下拉列表框,可以设置导出视频的参数,本例使用默认值,如图 4-10 所示。另外,从左边可以选择"视频"或者 GIF,则会导出不同的文件类型,选择 GIF 的界面如图 4-11 所示。

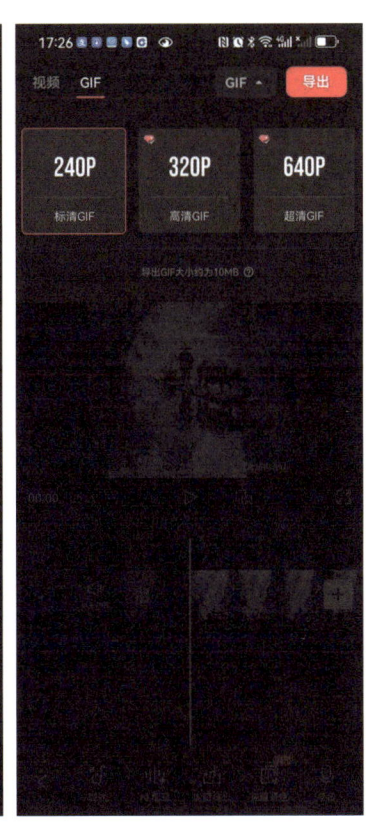

图 4-9　完整的设计效果　　　图 4-10　设置导出视频参数　　　图 4-11　导出 GIF 文件的选项

步骤 8　点击"导出"按钮,等待一会儿,就可以将导出的视频保存到手机中。
至此,完成整个视频的制作。

💡 **操作小贴士**：从该实例可以看出,手机上的剪映 App 功能与计算机端的剪映软件创作界面有很大的区别,手机上的剪映 App 界面更加简洁、易操作。实际设计时,可以根据自己的需求选择。

4.3.2　用通义和即梦AI生成视频并用剪映更换背景

下面通过实例说明如何用通义和即梦 AI 生成视频并用剪映更换背景。

1．用通义App生成人物跑步视频

步骤 1　在手机上打开已经安装好的通义 App,选择"AI 生视频"功能,如图 4-12 所示。
步骤 2　在打开的"AI 生视频"界面中选择"视频比例"为 4∶3,在"请输入生成的视频描述"文本框中输入如下描述:"帮我生成一名中国男青年从画面右上边沿街道跑向

画面左下边的视频,跑步动作匀速。"如图4-13所示。

步骤3　点击"发送"按钮 ，则开始生成视频,如图4-14所示。等待一段时间,视频生成后会显示出来。点击视频可以播放,如图4-15所示。点击播放界面右上角的"下载"按钮 ，则可以将视频保存到手机中。

图4-12　选择"AI生视频"功能　　图4-13　描述要生成的视频　　图4-14　开始生成视频　　图4-15　播放视频

2．用即梦AI生成街道背景视频

步骤1　在手机上打开即梦AI,选择"视频生成"功能,输入提示词:"生成一条宽阔马路,由左下边向右上边延伸,两侧树快速向后移动,同时有小狗跑来。"选择比例为4：3,视频时长为5s,视频模型为"视频3.0",点击"生成"按钮,则开始生成视频。

步骤2　点击视频,看一下播放效果,如图4-16所示。如果满意,点击下面的"下载"按钮 ，将视频下载到手机中保存。

3．用剪映App合成视频

步骤1　在手机上打开剪映App,点击"开始创作"按钮,然后选择马路视频并导入时间轴主轨中,如图4-17所示。

步骤2　在没有选中主轨视频的情况下,点击工具栏中的"画中画"按钮,再在更换的工具栏中点击"新增画中画"按钮,然后将青年跑步的视频导入时间轴中。

步骤3　向后拖动播放条,发现两条视频不一样长。用双指放大轨道,以便使分割操作更精确。将播放指针放到主轨视频最后,然后选择青年跑步的视频,如图4-18所示。再在工具栏中点击"分割"按钮 ，分割下面的视频,并按Delete键将右边的视频删除,使两个轨道右边对齐。

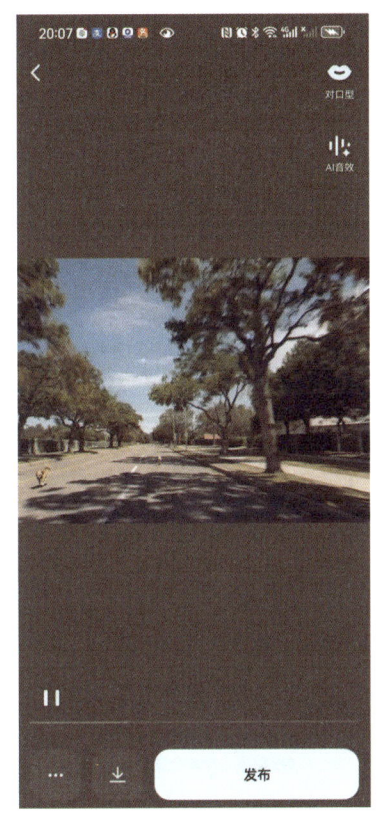

图 4-16　播放视频并下载　　　　图 4-17　导入主轨视频　　　　图 4-18　分割并删除多余视频

步骤 4　在时间轴中选中青年跑步的视频轨道,在视频画面中调整该视频的位置,使其与主视频的右下角基本对齐,如图 4-19 所示。

步骤 5　在时间轴中选中青年跑步的视频轨道,在底部工具栏中向左拖拉,找到"抠像"按钮,如图 4-20 所示。点击该按钮后又会显示出三个抠像选项按钮,如图 4-21 所示,再点击"智能抠像"按钮,则自动开始智能抠像。抠像操作界面如图 4-22 所示,点击"对勾"按钮,即可完成抠像操作,可以看到跑步青年原来的背景已经消失,并替换为主轨视频背景。

操作小贴士:在剪映 App 中选择不同的内容,下面的工具栏会显示不同的操作按钮。只有在时间轴中选中视频轨道后,才能在工具栏中找到"抠像"按钮,否则就无法找到。

另外,进行抠像操作时如果点击"关闭抠像"按钮,则会关闭抠像功能。

步骤 6　在工具栏点击左边的"返回"按钮,重复几次,直到返回到主工具栏。然后点击"音频"按钮,再在打开的音频工具栏中点击"音乐"按钮,打开音乐选择界面,从中选择《追梦人》的歌曲,如图 4-23 所示。再点击"使用"按钮,则该音乐就添加到时间轴中。

步骤 7　在时间轴中选择音乐轨道,将播放指针移动的主轨视频的最后,然后将多余的音乐用分割和删除功能将其删除,此时时间轴的显示如图 4-24 所示。

图 4-19　调整视频位置

图 4-20　找到"抠像"按钮

图 4-21　三个抠像选项按钮

图 4-22　抠像操作界面

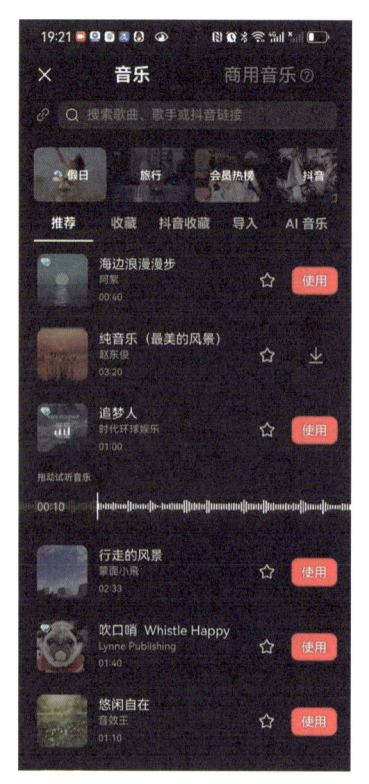

图 4-23　选择音乐

图 4-24　删除多余音乐

步骤 8　在界面右上角选择 1080P 的视频分辨率，点击"导出"按钮，即可将视频导出并保存。

操作小贴士：为了使抠像人物与背景能够更好地融合，可以适当调节抠像层的亮度/对比度，使其与新背景色调一致。另外，可以适当添加 1～3 像素（px）羽化值柔化边缘，结合滤色/正片叠底等混合模式，使光影自然过渡。

第 5 章　高考志愿与职业规划

DeepSeek 通过融合综合测评平台（comprehensive evaluation platform，CEP）多模态志愿测评系统与 AI 大模型，为高考志愿填报和职业规划提供精准支持。其优势在于：一是基于百万级考生数据与动态稀疏注意力机制，实现高并发、强实时的个性化推荐；二是整合全国高校招生、就业质量等数据，提供院校、专业匹配度分析及录取概率预测；三是结合职业兴趣模型与行业趋势，模拟未来 5~10 年就业场景，助力考生制订科学的生涯规划。

5.1　高考志愿填报辅助

在 DeepSeek 中通过输入分数可以快速定位全省排名，结合近 5 年录取数据智能推荐"冲、稳、保"院校和专业，生成梯度合理的志愿表。第一，数据实时更新，精准匹配；第二，多维分析录取概率与专业适配度；第三，动态优化志愿方案，避免滑档风险，提升录取成功率。

5.1.1　快速定位您的分数段

快速定位分数段能帮助考生精准评估自身竞争力，明确与目标院校的差距，科学制订"冲、稳、保"志愿策略，避免盲目填报，提升录取成功率。

【案例 5-1】家长和学生无法定位分数段在全省排名时有点茫然，主要体现在：①信息不透明：学校不公布排名，家长只能通过模糊的等级（如"优""良"）判断成绩，无法准确了解孩子在全省的位置。②志愿填报困难：没有排名参考，家长难以评估孩子的竞争力，填报志愿时缺乏方向，担心"高分低就"或"滑档"。家长的实际需求是希望获得全省排名数据，以便精准定位目标院校，科学制订志愿策略。

操作小贴士：提示词要说明省份、高考课程类别、成绩，并询问最近几年的排名情况，这样才比较具有参考价值。另外，一定要开启 联网搜索 功能，才能获取最新信息。需要了解更

多信息,可以开启 深度思考(R1) 功能。

DeepSeek 提示词如下。

山东物理类考生模拟考试为 598 分,请给出 2023 年和 2024 年在山东省的排名。

DeepSeek 解答如下。

(1)山东物理类考生模拟考试 598 分的全省排名情况如下。

➢ 2023 年排名:总分 598 分对应的全省排名为 25680 名(含同分段 695 人),属于较高水平,超过约 96.41% 的考生。

➢ 2024 年排名:总分 598 分对应的全省排名为 23889 名,位列全省前 3.59%,属于拔尖水平。

(2)补充说明如下。

➢ 数据差异原因:2024 年排名较 2023 年提升约 1800 名,可能与考生人数、试卷难度或分数段分布变化有关。

➢ 实际录取参考:排名需结合选科要求(如物理类)及目标院校的录取位次综合评估,避免仅依赖总分排名。

建议考生结合具体年份的一分一段表及目标院校往年录取位次,制订合理的志愿填报策略。

5.1.2 智能推荐院校和专业

DeepSeek 智能推荐院校和专业的优势是免费、实时更新,规避人工偏见,10 秒调整分数线波动。通过输入高考分数、选科及兴趣,DeepSeek 可快速定位全省排名并生成"冲、稳、保"志愿表。其优势主要表现在三个方面:一是进行数据匹配,即基于近几年录取数据智能换算等效分(如山东物理类 612 分换算为上一年的 628 分),推荐匹配院校;二是进行梯度划分,即按"冲、稳、保"自动分类院校,标注录取概率(如广东历史类 588 分生成 6 冲、8 稳、6 保方案);三是进行多维分析,即结合专业就业率(如计算机类专业就业年薪 15 万元以上)、城市资源(上海实习机会比一般城市多 38%)及风险预警(如缩招提示),动态优化方案。

【案例 5-2】 广东历史类考生小王预估 2025 年高考成绩为 569 分,很快要填报高考志愿了,自己和家长感到很迷茫,主要源于信息不对称和缺乏专业指导。以前有很多类似考生因不清楚如何选择适合的院校和专业,不了解政策,又盲目追求热门专业或忽视个人兴趣而造成失误。因寻求帮助的渠道有限,导致决策困难。现在小王希望通过 DeepSeek 获得帮助和指导。

DeepSeek 提示词如下。

广东省历史类考生小王预估 2025 年高考成绩为 569 分,请参考前三年的高考录取情况,

智能推荐院校和专业,生成"冲、稳、保"高考志愿表。推荐院校以广东院校为主。

DeepSeek 解答如下。

根据 2024 年广东省高考历史类考生录取数据,结合 569 分的分数段,以下是为广东历史类考生小王所生成的"冲、稳、保"高考志愿表,推荐院校以广东院校为主。

1．冲一冲(录取概率较低,但有机会)

1)华南师范大学(汕尾校区)

- 专业:不限选科专业组。
- 2024 年投档分为 565 分,位次为 9821。
- 推荐理由:双一流高校,教育资源优质,适合分数接近的考生冲刺。

2)华南农业大学

- 专业:生物学、思想政治相关专业。
- 2024 年投档分为 567 分,位次为 9437。
- 推荐理由:省内重点高校,专业实力强,适合对农学或生物学感兴趣的考生。

2．稳一稳(录取概率较高)

1)北京师范大学—香港浸会大学联合国际学院

- 专业:不限选科专业组。
- 2024 年投档分为 569 分,位次为 8769。
- 推荐理由:中外合作办学,国际化教育资源,适合分数匹配的考生。

2)深圳大学(地方专项)

- 专业:不限选科专业组。
- 2024 年投档分为 582 分,位次为 5817。
- 推荐理由:省内热门高校,地方专项计划录取分数较低,适合稳报。

3．保一保(录取概率很高)

1)广东财经大学

- 专业:经济学、管理学相关专业。
- 2024 年投档分为 562 分,位次为 10700。
- 推荐理由:财经类高校,专业就业前景好,适合保底。

2)广东技术师范大学

- 专业:师范类、信息技术相关专业。
- 2024 年投档分为 560 分,位次为 11000(预估)。
- 推荐理由:师范类高校,录取分数较低,适合保底。

4．填报建议

- 梯度填报:按照"冲、稳、保"顺序填报,确保有冲刺机会的同时,避免滑档风险。
- 关注专业组:注意各院校专业组的选科要求,避免因选科不符导致退档。
- 结合兴趣与就业:选择适合自己兴趣和未来职业规划的专业,避免盲目追求热门院校。

希望以上推荐对您有所帮助。如需进一步调整或咨询,可参考掌上高考或高三网等平台获取最新信息。

5.2 高考志愿填报前的准备工作

高考志愿填报前需做好以下准备工作。一是熟悉政策,比如了解本省高考政策,包括批次设置、志愿数量等。二是收集信息,比如通过官方渠道(如阳光高考平台、省教育考试院)获取院校和专业信息。三是准确定位,比如根据成绩和排名,结合兴趣和职业规划,初选目标院校和专业。四是模拟填报,可以通过提前演练及熟悉流程,避免操作失误。

5.2.1 了解本省高考政策

了解本省高考政策至关重要,尤其是平行志愿和批次设置。平行志愿遵循"分数优先、遵循志愿"原则,合理填报可提高录取机会;批次设置则决定了不同层次院校的录取顺序,影响志愿填报策略。熟悉政策能避免失误,确保志愿填报科学合理。

【案例5-3】 小封同学在填报高考志愿时因不了解本省高考政策,面临诸多困难。他不知道如何通过省教育考试院官网或阳光高考平台等渠道获取权威信息,也不理解平行志愿"分数优先、遵循志愿"的原则及批次设置对录取顺序的影响。由于缺乏指导,小封在志愿填报时感到迷茫,甚至有可能错失心仪院校的录取机会。

DeepSeek提示词如下。

==小封是一名河南省物理类高三学生,将参加2025年高考,你是一位高考专家,请告诉他本省的高考政策,包括平行高考志愿及批次设置等方面的政策。==

📢 **操作小贴士**:在DeepSeek对话输入框中输入上面的提示词后,单击"深度思考"按钮,打开 深度思考(R1) 功能,可以了解到更多的信息。

DeepSeek深度思考内容如下。

好的,我需要帮助小封了解河南省2025年的高考政策,特别是平行志愿和批次设置。首先,我需要查阅提供的搜索结果,看看有什么相关信息。

根据搜索结果,河南省2025年实行"3+1+2"模式,考试科目包括语文、数学、外语,以及物理/历史和另外两门选科。平行志愿方面,普通类本科提前批有64个"专业+院校"志愿,本科批是48个院校专业组志愿,每个组内可以填6个专业并选择是否调剂。

接下来,批次设置方面,普通类分为本科提前批、本科批、专科提前批和专科批。其中本科提前批包括军事、公安、师范等类别,都是平行志愿,不调剂。本科批合并了原来的一本、二本,设置院校专业组,允许调剂,这有助于考生有更多选择,减少滑档风险。

再选科目的等级赋分政策也很重要,物理和历史是原始分计入,其他两门选科按等级转

换,确保公平。小封作为物理类考生,需要知道他的物理成绩直接使用原始分,而另外两门再选科目会进行等级赋分。

另外,投档规则是分数优先,遵循志愿,一轮投档。同分情况下会比较语文/数学总分、单科最高分、外语、物理,最后是再选科目。小封需要合理安排志愿梯度,冲、稳、保结合,并注意服从调剂,避免退档。

最后,需要提醒小封利用官方渠道获取信息,如省教育考试院官网,及时查看招生章程和分数段统计表,确保符合报考条件。

DeepSeek 解答如下。

小封同学,以下是河南省 2025 年高考政策的核心要点,尤其针对物理类考生需关注的平行志愿及批次设置政策。

1. 考试科目与成绩构成

2025 年河南实行"3+1+2"模式,总分 750 分。外语听力 2025—2026 年仅作参考,2027 年起计入总分。

- 全国统考:语文、数学、外语(含听力),满分各 150 分,总分 450 分。
- 选考科目:首选科目是物理(原始分计入总分,满分 100 分);再选科目是从思想政治、地理、化学、生物学中选 2 门,按等级赋分后计入总分(满分各 100 分)。

2. 批次设置与志愿填报

1)普通类批次(物理类单独划线)

- 本科提前批:含军事、公安、司法、师范等类别,设置 64 个"专业+院校"平行志愿(不可调剂专业)。
- 本科批:合并原一本、二本,设置 48 个院校专业组志愿,每组含 6 个专业及是否服从调剂选项。
- 高职专科批:提前批设 64 个"专业+院校"志愿,普通批设 48 个院校专业组志愿。

2)平行志愿规则

- 投档原则:分数优先、遵循志愿、一轮投档。
- 同分排序:依次比较语文数学总分→单科最高分→外语→物理成绩→再选科目最高分。

3. 关键注意事项

- 再选科目等级赋分:解决不同科目难度差异,按考生排位划分为 A-E 五个等级,转换到 30～100 分区间。
- 志愿策略建议:一是冲、稳、保梯度,即本科批建议前 20% 志愿冲高,中间 50% 求稳,后 30% 保底。二是服从调剂,即本科批建议勾选"专业服从调剂",降低退档风险。三是特殊类型志愿,如国家专项、高校专项等需单独填报,仅限资格考生。

4. 官方信息渠道

建议通过河南省教育考试院官网及阳光高考平台查询最新政策、招生章程及历年录取数据。务必关注 6 月公布的分数段统计表（分物理 / 历史类），精准定位志愿。

操作小贴士：提前批与本科批志愿不可兼报，需根据自身成绩、兴趣及职业规划合理选择批次。

5.2.2 收集院校和专业信息

通过 DeepSeek 收集院校和专业信息可采取以下方法：一是精准提问——输入考生成绩、排名、兴趣等参数，生成包含推荐院校、录取分数线、位次数据的结构化表格；二是动态分析——结合就业趋势指令（如"深圳月薪 15000 元 + 工科岗位对应专业"），挖掘目标城市热门行业与适配专业；三是智能推荐——利用低代码平台接入 DeepSeek API，搭建个性化志愿推荐系统，自动匹配冲、稳、保院校清单；四是数据验证——要求提供权威来源的就业报告解读，例如通过高校官网、教育部门公示的就业质量报告交叉验证专业前景。

【案例 5-4】 小刘同学对高校和专业缺乏了解，填报志愿时感到迷茫，希望通过 DeepSeek 获取院校概况、专业特色、录取数据及就业前景等信息，以便科学规划志愿填报方案。

DeepSeek 提示词如下。

小刘同学是四川省物理类考生，2025 年预估高考分数为 630 分。请帮他收集一下适合的院校和专业信息，形成两套高考志愿填报方案，并形成录取数据和就业报告。回答内容尽量简明扼要。

DeepSeek 解答如下。

1．推荐方案

根据 2025 年四川省新高考政策及物理类考生特点，结合小刘同学预估 630 分（预计全省排名约 4000 名），制订以下两套志愿填报方案。

方案一：川内 985/211 优先策略

核心思路：立足川内顶尖高校，兼顾优势学科与就业前景。

推荐院校专业组如下。

➢ 四川大学 111（物化）专业组：含工科试验班（机械、测控、材料成型）、医学技术类。2024 年实录线 623 分（位次 13702），630 分可冲刺优势专业。就业方向包括科研院所（如中科院高能物理所）、华为 / 中芯国际等企业技术岗。

➢ 电子科技大学 102（物化）专业组：含计算机科学与技术、人工智能（中外合作办学）。2024 年实录线 621 分（位次 14632），适合稳档填报。就业方向包括计算机类平均起薪 15k+（15000 元以上），深造率 40%。

➢ 西南交通大学轨道交通专业组：国家专项计划专业组，含车辆工程、电气工程。2024 年实录线 607 分（位次 12311），保底选择。

方案二：省外名校 + 兴趣专业组合

核心思路：拓展长三角 / 珠三角高校资源，聚焦计算机与电子信息。

推荐院校专业组如下。

华南理工大学 105（物化）专业组：含自动化、电子信息工程（粤港澳大湾区重点产业）。2024 年实录线 625 分（位次 12825），需冲刺。就业优势包括特斯拉、比亚迪等新能源企业定向招聘。

北京邮电大学（宏福校区）102（物化）专业组：物联网工程、通信工程（中外合作降 10 分录取）。2024 年实录线 621 分，性价比高。就业情况是通信行业平均薪酬指数达 2.0（全国基准 1.0）。

重庆大学机械工程专业组：含智能制造、机器人工程（成渝双城经济圈重点领域）。2024 年实录线 615 分，保底稳妥。

2．录取数据与梯度建议

录取数据与梯度建议见表 5-1。

表 5-1　录取数据与梯度建议

批次	冲（20%）	稳（50%）	保（30%）
本科批	四川大学	电子科技大学	西南交通大学
	华南理工大学	北京邮电大学	重庆大学

3．就业报告摘要

➢ 物理学路径：四川大学物理学 A 级学科，约 30% 毕业生进入中科院 / 高校科研岗，40% 赴美深造。

➢ 工科热门方向：计算机 / 自动化类专业起薪 1.2 万元～ 1.8 万元，5 年后年薪普遍超 30 万元。

➢ 新兴领域：新能源（如比亚迪）、半导体（如中芯国际）近 3 年招聘量增长 50%。

4．操作建议

登录四川省教育考试院志愿填报辅助系统，筛选"物理类 + 位次 4000±10%"院校专业组。交叉验证《招生计划合订本》选科要求，避免无效填报（如临床医学需物化双选）。关注官方一分一段表，微调冲、稳、保梯度。

5.3　利用DeepSeek生成高考志愿方案

利用 DeepSeek 生成高考志愿方案，首先输入考生成绩、兴趣和地域偏好，系统智能推荐匹配的院校和专业。通过大数据分析历年录取分数线和就业前景，评估方案风险，确保合理性和可行性，帮助考生制订最优志愿填报策略。

5.3.1　智能推荐院校和专业

输入考生分数、选科和兴趣，系统基于大数据分析，匹配符合成绩区间的院校，结合选科要求和兴趣倾向，智能推荐适合的专业和学校，确保志愿填报的精准性和个性化。

【案例 5-5】 小李即将参加高考，困惑于如何选科以匹配未来专业，同时担忧所选专业是否符合自身兴趣和职业规划，还需考虑院校排名、地域等因素，难以权衡。

DeepSeek 提示词如下。

小李是一名江苏考生，预估高考分数是 615 分，他对化学和物理都有浓厚的兴趣，你作为一名高考专家，请帮他选一下高考科目，并帮助他推荐一下填报志愿的院校和专业。

DeepSeek 解答如下。

根据小李的预估分数（615 分，江苏省物理类考生）及兴趣方向（化学、物理），以下是有针对性的选科建议及志愿填报方案。

1. 选科建议

小李若选择"物理+化学+X（如生物或地理）"组合，可覆盖 98% 以上的理工类专业，适配以下方向。

- 核心理工类：化学、应用物理学、材料科学与工程、新能源科学与工程。
- 交叉学科：人工智能（需数学基础）、环境工程（化学与生物结合）。

2. 院校及专业推荐

结合小李的分数（615 分接近江苏省物理类拔尖院校分数线）和兴趣，推荐以下院校及专业。

1）省内重点院校

- 南京师范大学：化学（师范类，双一流学科，2024 年物理类最低 615 分）。
- 江南大学：材料科学与工程（轻工特色，2024 年多个专业组录取分 615 分，招生人数较多）。
- 苏州大学：纳米材料与技术（国家重点实验室支撑，2024 年物理类录取分 617 分，可冲刺）。

2）省外优质院校

- 中国石油大学（华东）：化学工程与工艺（石油化工特色，2024 年物理类录取分 610 分，可保底）。
- 华南师范大学：应用化学（2024 年物理类录取分 610 分，化学学科评级 B+）。
- 哈尔滨工业大学（威海）：新能源科学与工程（校区特色专业，2024 年物理类录取分 618 分，需冲刺）。

3）特色专业与中外合作项目

- 中国传媒大学：信息工程（传媒技术方向，2024 年物理类不限选科专业组 615 分）。
- 上海外国语大学：金融工程（中外合作办学，需关注外语要求，2024 年物理类录取分 610 分）。

3. 风险评估与策略

- 冲刺策略：优先填报南京大学（化学专业需分数 640+，可尝试强基计划）或东南大学（材料科学，需关注专业组内分数梯度）。
- 稳妥选择：江南大学、南京师范大学的化学／材料类专业录取概率较高。
- 保底建议：中国石油大学（华东）、华东师范大学等院校。
- 调剂风险：避免热门专业扎堆（如人工智能），选择专业组内分数相近的备选专业。

4．数据参考

2024年江苏省物理类部分院校分数线：南京师范大学615分、江南大学615分、苏州大学617分。建议结合强基计划、综合评价等多元录取渠道，最大化利用分数优势。

小李可重点考虑化学、材料科学等方向，同时关注院校地理位置与学科资源，确保志愿方案的科学性与可行性。

5.3.2 高考志愿方案的风险评估

高考志愿风险评估通过分析录取概率、专业热度等，帮助考生规避滑档或调剂风险。标注录取概率可量化填报成功率，风险提示则预警竞争激烈或分数波动，指导科学设置志愿梯度，提升方案安全性与适配性。

【案例5-6】 很多考生在有了高考分数后，也选择了一些目标院校，但是心中还是非常忐忑不安，一是害怕目标院校的录取分数起伏比较大；二是希望能够了解到相关院校的录取概率，并能够知道大概的风险。现在希望得到DeepSeek的帮助。

DeepSeek提示词如下。

小李是一名江苏省物理类考生，预估高考分数是615分，经过反复比较和考虑，最终决定将哈尔滨工业大学新能源科学与工程、苏州大学软件工程、华东师范大学数据科学与大数据技术、南京师范大学化学（师范类）、河海大学环境科学与工程、湖南大学电气工程及其自动化、中国传媒大学信息工程、南京邮电大学通信工程、中南财经政法大学金融工程作为重点目标院校和专业。他需要评估一下该高考志愿方案的风险，并根据这些专业近三年的录取情况标注录取概率和风险提示。

DeepSeek解答如下。

根据小李的预估分数（615分，江苏物理类考生）及其目标院校和专业，以下是针对其高考志愿方案的风险评估、录取概率及风险提示。

1．风险评估

- 冲刺院校风险：哈尔滨工业大学（威海）新能源科学与工程、华东师范大学数据科学与大数据技术等院校专业组录取分较高（2024年最低分618分左右），615分冲刺存在一定风险。建议增加1～2所分数相近的稳妥院校，避免冲刺失败后志愿落空。
- 稳妥院校风险：苏州大学软件工程、南京师范大学化学（师范类）、河海大学环境科学与工程等院校专业组录取分与小李分数匹配（2024年最低分595～610分），录取概率较高,但需关注专业组内分数梯度。
- 保底院校风险：南京邮电大学通信工程、中南财经政法大学金融工程等院校专业组录取分较低（2024 年最低分 594～595 分）,可作为保底选择,但需确保专业组内分数梯度合理,避免调剂到冷门专业。
- 调剂风险：部分院校专业组内分数梯度较大（如中国传媒大学信息工程）,建议勾选"专业服从调剂",避免退档风险。

2. 录取概率及风险提示

录取概率及风险提示见表 5-2。

表 5-2 录取概率及风险提示

院 校	专 业	2024 年最低分	录取概率	风 险 提 示
华东师范大学	数据科学与大数据技术	630	冲	分数接近,需关注专业组内分数梯度,建议作为冲刺选择
哈尔滨工业大学（威海）	新能源科学与工程	618	冲	分数接近,需结合强基计划或综合评价增加录取机会
中国传媒大学	信息工程	615	稳	信息工程专业组内分数梯度较大,建议勾选"专业服从调剂"
湖南大学	电气工程及其自动化	610	稳	录取概率较高,电气工程及其自动化为热门专业,需关注专业组内分数梯度
苏州大学	软件工程	608	稳	录取概率高,但需关注专业组内分数梯度,避免热门专业竞争激烈
南京师范大学	化学（师范类）	595	稳	录取概率高,化学（师范类）为双一流学科,适合稳妥选择
南京邮电大学	通信工程	595	保	录取概率高,通信工程为优势专业,适合保底选择
中南财经政法大学	金融工程	594	保	录取概率高,金融工程为热门专业,适合保底选择
河海大学	环境科学与工程	590	保	录取概率高,环境科学与工程为优势专业,适合稳妥选择

3. 优化建议

- 增加冲刺选择：可尝试填报东南大学、南京航空航天大学等省内重点院校的冷门专业组,增加冲刺机会。
- 调整志愿梯度：确保"冲、稳、保"院校比例合理（建议 2∶4∶3）,避免志愿扎堆或落空。
- 关注征求志愿：若未被录取,及时关注征求志愿信息,抓住补录机会。

通过以上评估和优化,小李的志愿方案风险可控,录取概率较高。建议结合自身兴趣和职业规划,科学填报志愿。

5.4 职业发展双维度测评

本节通过 AI 智能版 MBTI 和霍兰德测试，精准诊断职业兴趣，帮助用户了解自身性格与职业倾向。同时，基于测评结果，提供个性化职业规划与长线发展建议，明确职业方向、发展路径及所需技能，助力用户实现职业目标与长期成长。

5.4.1 职业兴趣AI诊断

填报高考志愿时进行职业兴趣 AI 诊断（智能版 MBTI+ 霍兰德测试），可帮助考生精准匹配性格、兴趣与专业，避免盲目选择，提升志愿填报的科学性与适配性，为未来职业发展奠定坚实基础。

【案例 5-7】 很多考生在填报高考志愿时有一定的盲目性，只是为了能够顺利被录取，而没有考虑以后的职业发展，所以非常需要提前根据他们的兴趣与性格规划职业。

DeepSeek 提示词如下。

小周是一名河北省历史类考生，预估高考分数是 580 分。她性格开朗，喜欢体育运动，对旅游类专业比较感兴趣。今年将填报高考志愿，请应用先进测试方法帮她进行一下职业兴趣 AI 诊断。

DeepSeek 解答如下。

根据小周的情况，我们可以结合 AI 技术和职业兴趣测评工具，帮助她进行职业兴趣诊断，并为她的高考志愿填报提供科学建议。以下是具体的诊断步骤和建议。

1．职业兴趣测评

小周对旅游类专业有兴趣，且性格开朗，喜欢体育运动，这表明她可能适合与人互动较多、灵活性强的职业。我们可以使用霍兰德职业兴趣测试来进一步分析她的职业倾向。霍兰德测试将职业兴趣分为六种类型：现实型（R）、研究型（I）、艺术型（A）、社会型（S）、企业型（E）、常规型（C）。结合小周的特点，她可能更偏向于社会型（S）和企业型（E），适合从事与人沟通、组织协调相关的工作。

2．MBTI 性格测试

MBTI 性格测试可以帮助小周更深入地了解自己的性格特质。例如，如果她的测试结果显示为 ESFP（外向、感觉、情感、知觉），则表明她适合从事需要与人互动、灵活应变的工作，这与旅游、体育等领域高度契合。

3．AI 数据分析

通过 AI 工具（如 DeepSeek），我们可以结合小周的高考分数、兴趣和性格特点，生成个性化的志愿填报方案。举例如下。

➢ 旅游管理：适合她的兴趣和性格，且该专业就业前景广阔，涉及旅游策划、景区管理等领域。
- 体育管理：结合她对体育的热爱，可以从事体育赛事组织、健身管理等工作。
- 酒店管理：与旅游相关，适合她的社会型特质，且行业需求稳定。

4．志愿填报建议

基于小周的预估分数（580分，历史类），以下是推荐的院校和专业。
- 河北师范大学旅游管理专业：该校在河北省内知名度较高，且旅游管理专业实力较强。
- 燕山大学酒店管理专业：该校的综合实力较强，适合小周的兴趣和分数段。
- 河北经贸大学体育经济与管理专业：结合她的体育兴趣，未来发展空间较大。

5．动态调整与优化

在志愿填报过程中，建议小周使用AI工具（如DeepSeek）动态调整志愿表，确保"冲、稳、保"梯度合理。例如，输入"河北省历史类580分，生成6冲8稳6保志愿表"，系统会自动优化院校和专业选择，并提供录取概率分析。

总之，通过AI职业兴趣诊断，小周可以更清晰地了解自己的职业倾向，并结合高考分数选择适合的院校和专业。建议她重点关注旅游管理、体育管理等领域，同时利用AI工具优化志愿填报方案，确保科学性和精准性。

5.4.2 职业规划与长线发展

填报高考志愿时，基于AI职业兴趣测评进行职业规划与长线发展至关重要。它帮助学生明确兴趣与优势，科学选择专业与院校，避免盲目填报，同时为未来职业发展奠定基础，提升学习动力与就业竞争力，助力实现人生目标。

【案例5-8】 高考学生在未来职业发展方面常面临职业方向不明确、兴趣与专业错位等困惑。例如，小周喜欢旅游和体育，但不确定这些兴趣能否转化为职业。她希望得到职业兴趣测评、专业选择指导以及行业动态分析，以科学规划未来，避免盲目选择热门专业却忽视个人兴趣与能力。

操作小贴士：下面在5.4.1小节DeepSeek解答基础上继续提问。

DeepSeek提示词如下。

请根据以上对小周高考志愿职业兴趣的诊断，给出一份具体的职业规划与长线发展计划。

DeepSeek解答如下。

根据小周的性格特点（开朗、喜欢体育运动）和职业兴趣（旅游类专业），结合AI诊断和职业规划理论，以下是她具体的职业规划与长线发展计划。

1．职业定位与兴趣匹配

根据霍兰德职业兴趣测试，小周可能属于社会型（S）和企业型（E），适合与人互动、组织协调的职业。她对旅游类专业有兴趣,且性格开朗,适合从事旅游管理、体育管理、酒店管理等职业。

2. 职业发展阶段规划

1)短期目标(大学期间)

- 专业学习:选择旅游管理或体育管理专业,系统学习相关课程,如旅游规划、市场营销、赛事管理等。
- 实践积累:参加旅游企业实习、体育赛事志愿者活动,积累行业经验。
- 技能提升:考取导游证、酒店管理师、体育经纪人等相关证书,提升竞争力。
- 人脉拓展:加入旅游或体育相关的社团,参加行业论坛,建立人脉网络。

2)中期目标(毕业后3~5年)

- 职业起步:进入知名旅游企业或体育公司,从事旅游策划、赛事运营、酒店管理等工作。
- 能力提升:通过工作积累管理经验,提升专业技能,争取晋升为项目经理或部门主管。
- 国际化视野:学习外语,关注国际旅游或体育市场动态,拓展国际化视野。

3)长期目标(5~10年及以上)

- 职业发展:成为旅游或体育行业的高级管理者,如旅游公司总监、体育赛事运营总监等。
- 创业探索:积累经验和资源后,考虑创办自己的旅游公司或体育赛事策划机构。
- 行业贡献:参与行业标准制订或国际旅游合作项目,推动行业发展。

3. 实施策略

1)学习计划

- 选修旅游管理、体育管理、市场营销等课程,夯实专业基础。
- 关注行业动态,学习新兴领域知识,如智慧旅游、体育科技等。

2)实践计划

- 利用寒暑假参加实习,如旅行社、酒店、体育赛事公司等。
- 参与旅游或体育相关的志愿者活动,积累实践经验。

3)技能提升计划

- 考取导游、酒店管理师、体育经纪人等相关证书。
- 学习数据分析、项目管理等技能,提升综合能力。

4)人脉拓展计划

- 参加行业论坛、研讨会,与业内人士建立联系。
- 利用社交媒体平台,扩大人脉圈,获取更多职业机会。

4．职业发展支持

1）行业趋势
- 旅游和体育产业正处于快速发展期，市场需求旺盛，就业前景广阔。
- 智慧旅游、体育科技等新兴领域为职业发展提供了更多机会。

2）政策支持

国家对旅游和体育产业的政策支持力度加大，为从业者提供了良好的发展环境。

3）个人优势
- 小周性格开朗，擅长与人沟通，适合从事旅游和体育行业。
- 她对体育和旅游的兴趣将转化为职业发展的动力。

5．总结

小周的职业规划应以旅游管理和体育管理为核心，结合她的兴趣和性格特点，制订短期、中期和长期目标。通过专业学习、实践积累、技能提升和人脉拓展，她可以在旅游或体育行业实现职业发展，并最终成为行业领袖或创业者。同时，关注行业趋势和政策支持，为职业发展提供持续动力。

希望这份职业规划能为小周的未来发展提供清晰的方向和实用的建议。

5.5 兴趣拓展：用即梦AI和百度AI处理照片

使用即梦AI或者豆包等工具不但可以生成各种图片，也可以对已有照片进行再次创作。下面说明如何给一名小学生快速更换形象。

5.5.1 用即梦AI改变小学生的形象

下面通过多个实例说明如何用即梦AI改变小学生的形象。

（1）在手机端打开即梦AI，在下面的工具栏中点击"想象"按钮■，在生成图片的提示词输入框中输入提示词："请生成一名英俊帅气的小学生，戴红领巾，正面全身照，模拟真人。"从生成的图片中选择满意的一幅，如图5-1所示。

（2）打开图片生成界面，点击"添加参考"按钮，将帅气小学生的图片作为参考图。在生成图片的提示词输入框中输入提示词："让小学生变为在教室坐着写作业的形象。"从生成的图片中选择满意的一幅，如图5-2所示。

（3）打开图片生成界面，点击"添加参考"按钮，将帅气小学生的图片作为参考图。在生成图片的提示词输入框中输入提示词："让小学生穿深色的秋季校服，长袖长裤，背景改为学校操场，人物形象不变。"从生成的图片中选择满意的一幅，如图5-3所示。

（4）打开图片生成界面，点击"添加参考"按钮，将帅气小学生的图片作为参考图。在生成图片的提示词输入框中输入提示词："让小学生变为大学毕业后成为飞行员的形象，人物背景改为飞机场。"从生成的图片中选择满意的一幅，如图5-4所示。

图 5-1　帅气小学生　　图 5-2　小学生写作业　　图 5-3　小学生穿秋季校服　　图 5-4　小学生成飞行员

（5）在手机端即梦 AI 下面的工具栏中点击"灵感"按钮,在上面的菜单中选择"写真",从下面的列表中找到"鲁连的太空梦想"的视频,如图 5-5 所示；或者点击右上角的"搜索"按钮,在搜索框中输入"太空梦想",也会搜索出该视频,如图 5-6 所示。

点击打开该视频，接着点击"创作流程"按钮 创作流程 ，可以选择创作图片还是视频，默认是创作图片，再点击"做同款"按钮 做同款 ，如图 5-7 所示。然后进入提示词编辑界面，如图 5-8 所示，可以适当修改提示词，此处采用默认设置；再将帅气小学生的图片作为参考图。点击"生成"按钮 生成 ，则生成了 4 幅图片，从中选择满意的照片下载到手机中即可，如图 5-9 所示。

图 5-5　选择参考视频　　图 5-6　搜索参考视频　　图 5-7　打开参考视频　　图 5-8　提示词编辑界面

（6）在手机端即梦 AI 下面的工具栏中点击"灵感"按钮，在上面的菜单中选择"科幻"，从下面的列表中找到"银色金属盔甲"的视频，如图 5-10 所示。将帅气小学生的图片作为参考图，其他操作参考步骤(5)，最终从生成的4幅图片中选择一幅满意的，如图 5-11 所示。

图 5-9　小学生实现太空梦想　　图 5-10　银色金属盔甲视频　　图 5-11　小学生变银色金属盔甲战士

（7）在手机端即梦 AI 上面的菜单中选择"科幻"，从下面的列表中找到"我们的征程是星辰大海"的视频，如图 5-12 所示；或者点击右上角的"搜索"按钮，在搜索框中输入"我们的征程是星辰大海"，也会搜索出该视频。将帅气小学生的图片作为参考图，其他操作参考步骤（5），最终从生成的 4 幅图片中选择一幅满意的，如图 5-13 所示。

再次生成图片，从生成的 4 幅图片中选择一幅满意的，如图 5-14 所示。

5.5.2　用百度AI对小学生照片进行处理

打开百度官网并单击AI+按钮，如图5-15所示。在打开的AI界面中选择"画图修图"功能，如图 5-16 所示。此时会显示出"画图修图"界面，如图 5-17 所示。

下面进行图片处理。

（1）去除水印。在"画图修图"界面中单击"去水印"按钮 去水印，打开"百度 AI 图片助手"界面，如图 5-18 所示。直接单击"上传图片"按钮 上传图片 或者通过拖曳等方式打开帅气小学生图片，则自动去除了该图片右下角的水印。

此时发现左上角还有一个水印，移动光标到水印上面，按下左键拖动鼠标涂抹水印区域（有时需提前改变画笔大小），此时该区域被紫色覆盖，如图 5-19 所示。单击"立即生成"按钮，发现水印已经消除（可以借助左下角的缩放工具和移动工具查看）。然后可以将图片下载并保存。

图 5-12　星辰大海的视频　　　图 5-13　小学生变空中飞人 1　　　图 5-14　小学生变空中飞人 2

图 5-15　打开百度官网并单击 Ai+ 按钮

图 5-16　在 Ai+ 界面中选择"画图修图"功能

图 5-17 "画图修图"界面

图 5-18 "百度 AI 图片助手"界面

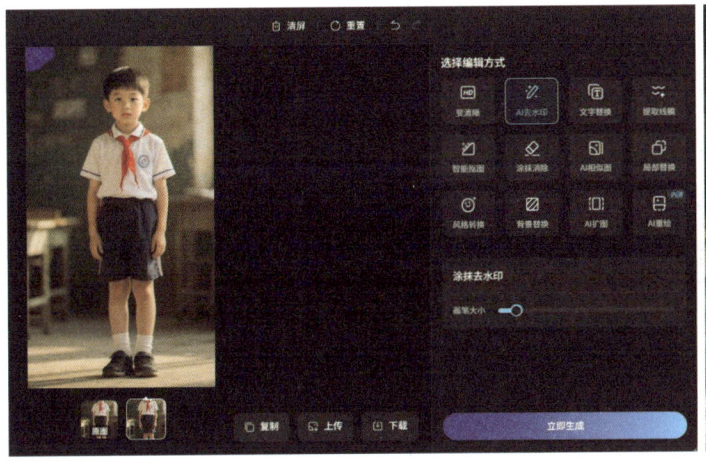

图 5-19 消除水印

（2）智能抠图。单击顶部的"重置"按钮 重置，恢复到有水印的原始照片效果。在右边"选择编辑方式"区域单击"智能抠图"按钮，发现人物的背景已经去除，如图5-20所示。如果对抠图效果满意，直接将照片下载并保存即可。

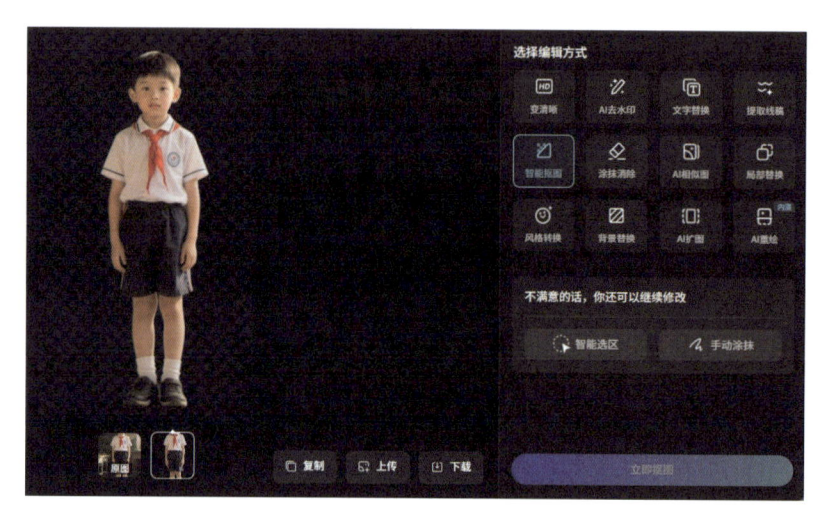

图 5-20　抠图效果

如果对抠图不满意，还可以使用右侧的"智能选区""手动涂抹"工具继续修改（紫色区域表示要保留），然后单击"立即抠图"按钮，即完成抠图效果。

（3）涂抹消除。单击顶部的"重置"按钮 重置，恢复到有水印的原始照片效果。在右边"选择编辑方式"区域单击"涂抹消除"按钮，在有水印和黑板背景的区域拖动鼠标进行涂抹，如图5-21所示。如果涂抹了多余区域，可以单击顶部的"恢复"按钮 取消已经涂抹的区域。如果对涂抹区域满意，单击"立即生成"按钮，即可将涂抹区域消除掉。

图 5-21　涂抹消除效果

（4）AI相似图。恢复到原始照片，单击"AI相似图"按钮，然后拖拉"AI作图相似度"中的圆圈位置，确定新生成的图片更接近原图还是更有创造力，再单击"立即生成"按钮，即可得到相似图。如图5-22所示是50%相似效果。

第 5 章　高考志愿与职业规划

图 5-22　AI 相似图效果

（5）局部替换。恢复到原始照片，单击"局部替换"按钮，然后调整画笔大小，并拖动鼠标在小学生衬衣部分涂抹，需要将衬衣部分全部覆盖。再拖动右边卷滚条移动到"第 2 步：描述修改内容"，在文本编辑框中输入"变换为黄色区域"，然后单击"立即生成"按钮，即可得到更换为黄色衬衣的图片。最后去除水印，效果如图 5-23 所示。

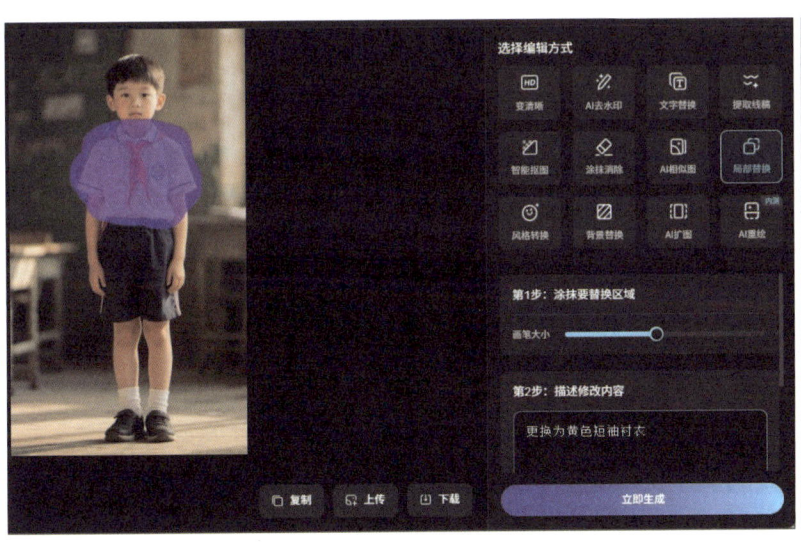

图 5-23　局部替换效果

（6）背景替换。恢复到原始照片，单击"背景替换"按钮，第 1 步用默认的"智能选区"即可。再拖动右边卷滚条移动到"第 2 步：请描述你要替换的内容"，在文本编辑框中输入"背景改为春花烂漫的公园"，然后单击"立即生成"按钮，即可得到更换为春花烂漫公园背景的图片。效果如图 5-24 所示。

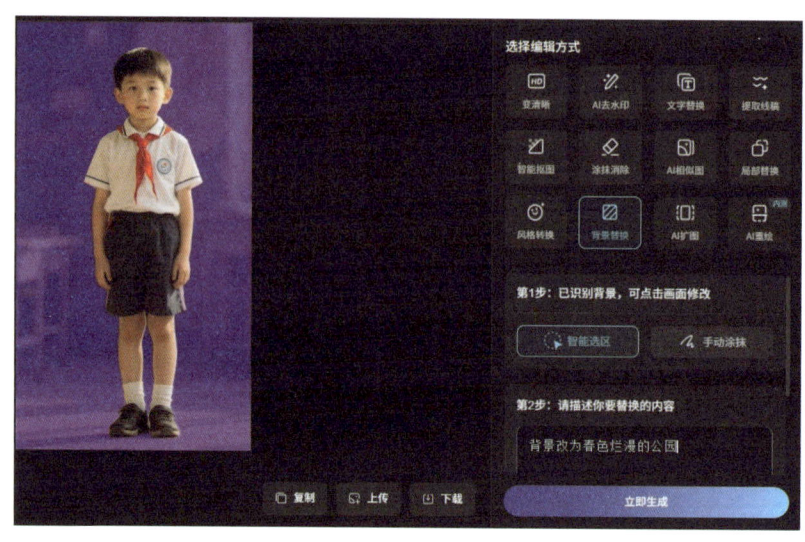

图 5-24　背景替换效果

（7）AI 扩图。保留上步"背景替换"的图片，单击"AI 扩图"按钮，在"请选择拓展比例"中单击 4:3 按钮　4:3　，然后单击"立即生成"按钮，即可得到扩展的图片。效果如图 5-25 所示。

图 5-25　AI 扩图效果

第 6 章 职场效率提升

DeepSeek 通过智能办公中枢实现职场效率跃升：在会议场景中，AI 实时转录系统可自动区分发言人并标记决议事项，会后自动生成待办清单同步至协作平台；面对数据处理需求，其智能清洗模块能识别 Excel 异常数据并自动修复，结合自然语言生成技术，可一键输出含动态图表的市场分析报告。该平台还内置邮件智能助手，根据上下文推荐回复话术并优化日程安排，使日常办公耗时减少 40% 以上，让职场人专注核心决策。

6.1 办公自动化

DeepSeek 办公自动化系统实现高效会议管理：AI 自动将多语种录音转写为结构化会议纪要，智能标记决议事项与待办清单；邮件助手通过上下文语义分析生成智能回复模板，同步关联日程提醒功能，使日常沟通效率大大提高。

6.1.1 会议纪要生成

【案例 6-1】 传统会议纪要整理需人工回听数小时录音，常因发言重叠、专业术语难懂等问题导致误记。2 小时会议平均耗费 3 小时整理且错误率达 15%。某公司市场部王经理反馈，手工提炼重点容易遗漏关键数据，任务追踪依赖逐条标记，跨部门协作时 60% 的待办事项因记录不清被延误。

📞 **操作小贴士**：提示词尽量描述具体详细，将要求也提出来，这样才会得到比较满意的答复。

DeepSeek 提示词如下。

市场部王经理组织了一次 2024 年两湖两广地区电视机销售情况的会议，需要将主要领导和专家的发言录制下来，会后使用 AI 整理成文字，并将重点提炼出来，加上编号逐条列

出，目的是通过办公自动化提升工作效率。请你帮他解决一下这个问题，给出具体的解决方法和案例。回答尽量详细具体，使用十分通俗易懂的语言进行说明。另外，尽量用现成的国产工具和方法来达到目的，可操作性要强。

DeepSeek 解答如下。

为了帮助市场部王经理高效完成会议纪要的整理和重点提炼，我们可以利用现有的国产工具和方法，结合 AI 技术，实现办公自动化。以下是具体的步骤和工具推荐。

1．会议录音

工具推荐：使用国产录音工具，如"讯飞听见"或"录音宝"。

操作方法：①在会议开始前，确保录音设备（手机或录音笔）正常工作。②使用"讯飞听见"或"录音宝"进行全程录音，确保音质清晰。③录音文件保存为 MP3 或 WAV 格式，方便后续处理。

2．语音转文字

工具推荐：使用"讯飞听见"或"百度语音识别"。

操作方法：①将录音文件上传至"讯飞听见"或"百度语音识别"平台。②选择"语音转文字"功能，系统会自动将录音转换为文字。③转换完成后，下载文字稿，保存为 TXT 或 DOC 格式。

3．文字整理与重点提炼

工具推荐：使用 WPS Office 或"石墨文档"。

操作方法：①打开转换后的文字稿，使用 WPS Office 或"石墨文档"进行编辑。利用 WPS Office 的"智能校对"功能，修正错别字和语法错误。②使用"石墨文档"的"协作编辑"功能，邀请同事共同审阅和修改。③通过人工阅读，将重要内容标记出来，并使用编号逐条列出。

4．自动化流程整合

工具推荐：使用"钉钉"或"企业微信"的自动化流程功能。

操作方法：①在"钉钉"或"企业微信"中创建自动化流程，设置触发条件为"会议结束"。②自动调用"讯飞听见"或"百度语音识别"进行语音转文字。③将转换后的文字稿自动发送至 WPS Office 或"石墨文档"进行编辑。④编辑完成后，自动发送至相关人员邮箱或微信。

举例

假设王经理在 2025 年 1 月 15 日组织了一次会议，会议录音文件为"20250115_会议录音.mp3"。

- 录音上传：王经理将"20250115_会议录音.mp3"上传至"讯飞听见"。
- 语音转文字：系统自动将录音转换为文字，生成"20250115_会议文字稿.txt"。
- 文字整理：王经理打开"20250115_会议文字稿.txt"，再复制到 WPS Office 中进行编辑，修正错别字和语法错误。

➢ 重点提炼：王经理将重要内容标记出来，并使用编号逐条罗列，如图 6-1 所示。

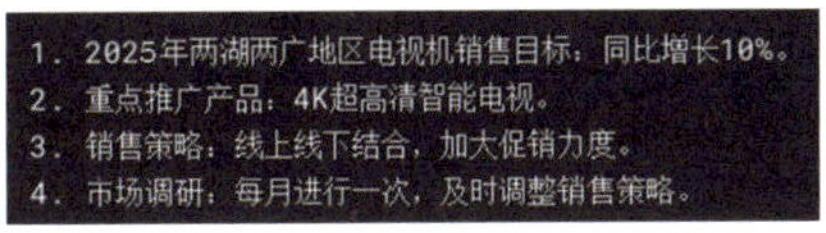
1．2025年两湖两广地区电视机销售目标：同比增长10%。
2．重点推广产品：4K超高清智能电视。
3．销售策略：线上线下结合，加大促销力度。
4．市场调研：每月进行一次，及时调整销售策略。

图 6-1　标记重要内容并逐条罗列

➢ 自动化流程：王经理在“钉钉”中设置自动化流程，会议结束后自动完成上述步骤，并将最终文档发送至市场部全体成员。

通过以上方法，王经理可以高效地完成会议纪要的整理和重点提炼，利用国产工具实现办公自动化，大大提升工作效率。

6.1.2　邮件模板与日程管理

邮件模板与日程管理通过使用 AI 工具 DeepSeek，可实现智能回复和自动安排，提升效率。DeepSeek 能快速生成精准回复，优化日程分配，减少人工操作，确保沟通及时、任务有序，助力高效办公。

【案例 6-2】 没有 AI 帮助，日常办公中的邮件模板与日程管理需手动编写和安排，耗时费力。重复性工作多，易出错，沟通效率低，日程冲突频发，难以快速响应需求，影响整体工作效率。请用 DeepSeek 帮助解决以上问题。

DeepSeek 提示词如下。

小陈是一名入职不久的市场部负责售后服务的新人，经常需要用邮件回复用户的问题，同时还要进行市场部相关工作的日程管理，他听说用 DeepSeek 可以帮助他生成邮件模板并能进行自动化日程管理，能够智能回复用户的问题。请你用最简单明了的语言和操作步骤帮他解决这个问题。如果需要相关工具，尽量使用国产免费的。

DeepSeek 解答如下。

小陈可以通过 DeepSeek 快速生成邮件模板，智能回复用户问题，并自动化管理日程。以下是具体操作步骤和工具推荐。

1．邮件模板生成与智能回复

工具推荐：DeepSeek 网页端（免费）。

操作步骤：①访问 DeepSeek 官网，单击“开始对话”进入智能助手界面。②输入需求，例如使用如下提示词：“生成一封回复用户产品问题的邮件模板，语气专业且友好。”“根据以下用户问题，生成一封回复邮件：用户反馈产品无法开机。”③ DeepSeek 会自动生成邮件内容，小陈只需稍作修改即可使用。

优化技巧：①使用“背景 + 需求 + 约束条件”模板提问。例如：“我是一名市场部售后人员，需要回复用户关于产品退换货的问题，要求语气委婉且提供解决方案。”②如果需要更正式的语气，可以在 DeepSeek 中加提示词：“将邮件内容改为正式商务风格。”

2．日程管理与任务自动化

工具推荐：钉钉（免费）+ DeepSeek 插件。

操作步骤：①在钉钉中创建"日程管理"任务列表，同步市场部的工作安排。使用DeepSeek的"自动化工作流"功能设置每日任务提醒。输入提示词："生成一个每日工作提醒，包括邮件回复、数据分析和会议安排。"DeepSeek会自动生成日程表，并同步到钉钉日历。②对于重复性任务（如每周报告），设置自动化流程。输入提示词："每周五生成一份市场部工作总结，包括本周数据分析和下周计划。"DeepSeek会自动生成报告并发送至指定邮箱。

3. 智能客服与用户问题分类

工具推荐：扣子（免费）+ DeepSeek 插件。

操作步骤：①访问扣子官网，创建一个智能客服助手。②添加 DeepSeek 插件，设置自动回复规则。例如："用户问题包含'退款'，自动回复退款流程。"③将智能客服嵌入钉钉或企业微信，实现用户问题的自动分类与回复。

由此可见，通过使用 DeepSeek，小陈可以快速生成邮件模板并智能回复用户问题，同时可以自动化管理日程，大幅提升工作效率。以上操作推荐使用 DeepSeek 网页端、钉钉和扣子，这些工具均为国产免费，操作简单，适合新手快速上手。

6.2　数据分析进阶

数据分析进阶的意义在于提升效率与精准度。用 DeepSeek 可替代 Excel 函数自动清洗数据，快速生成市场报告，从数据整理到结论输出全流程自动化。DeepSeek 能减少人工操作，避免错误，提供智能洞察，助力高效决策，让数据分析更智能、更专业。

6.2.1　Excel函数替代方案

DeepSeek 的 AI 自动清洗数据功能可替代复杂的 Excel 函数，快速处理杂乱数据，减少人工操作，避免错误。它会智能识别并修正异常值，提升数据质量，让数据分析更高效、精准，节省大量时间。

【案例6-3】工作人员以前需手动使用复杂的 Excel 函数清洗杂乱数据，耗时费力且易出错。异常值难以精准识别，得到的数据质量低，分析效率差，影响决策的准确性，浪费大量时间在重复性工作上。现在希望借助 DeepSeek 解决以上问题。

DeepSeek 提示词如下。

小林对 AI 工具略知一二，听说可以用 DeepSeek 处理 Excel 表格中复杂的数据，不需要再使用 Excel 函数清洗杂乱的数据。但是他也算一个 AI 小白，不知道从何处入手。请你告诉他详细的操作步骤，尽量不要用过于专业的术语。另外，如果需要工具，则首选国产工具，最好能够免费。

DeepSeek 解答如下。

小林可以通过 DeepSeek 轻松处理 Excel 表格中的复杂数据,无须掌握复杂的 Excel 函数。以下是详细的操作步骤和工具推荐,尽量使用国产免费工具,操作简单易懂。

1. 准备工作

工具推荐:DeepSeek 网页端(免费)、WPS Office(国产免费)。

操作步骤:①打开 DeepSeek 官网,注册并登录账号。②下载并安装 WPS Office(国产免费办公软件,兼容 Excel),用于打开和编辑 Excel 文件。③准备好需要处理的 Excel 表格,确保数据已保存为 xlsx 格式。

2. 数据清洗与整理

操作步骤:①打开 DeepSeek 网页端,进入对话界面。②输入指令,例如:"帮我清洗以下 Excel 数据:删除空行,合并重复项,并将日期格式统一为'YYYY-MM-DD'。""将表格中'销售额'列的数据按从高到低排序,并标记出前 10% 的数据。"DeepSeek 会生成具体的操作步骤或直接提供清洗后的数据模板。③按照 DeepSeek 的提示,在 WPS Office 中手动调整数据,或使用 DeepSeek 的自动化功能(如支持 API 调用)直接处理数据。

优化技巧:①如果数据量较大,可以将 Excel 文件上传至 DeepSeek 支持的平台(如扣子),使用 AI 自动清洗功能。②对于复杂任务,可以分步提问,例如先清理空行,再处理重复项。

3. 数据分析与可视化

操作步骤:①输入提示词,例如:"分析表格中'销售额'和'利润'的关系,并生成柱状图。""计算每个月的平均销售额,并生成折线图。"DeepSeek 会提供分析结果,并建议使用 WPS Office 的图表功能生成可视化图表。②在 WPS Office 中,选择"插入"命令,根据 DeepSeek 的建议创建图表。

优化技巧:如果需要更复杂的分析,可以输入提示词为"帮我用 Python 代码分析这份数据,并生成可视化图表"。DeepSeek 会生成代码,小林可以将其复制到 Jupyter Notebook(免费开源工具)中运行。

4. 自动化工作流

工具推荐:钉钉(免费)+ DeepSeek 插件。

操作步骤:①在钉钉中创建"数据分析"任务列表,同步 Excel 文件。②使用 DeepSeek 的"自动化工作流"功能,设置每日数据清洗和分析任务。输入提示词:"每天自动清洗并分析销售数据,生成报告发送至邮箱。"DeepSeek 会自动生成工作流,并同步到钉钉日历。

由此可见,通过 DeepSeek,小林可以轻松处理 Excel 表格中的复杂数据,无须掌握复杂的 Excel 函数。推荐使用 DeepSeek 网页端、WPS Office 和钉钉,这些工具均为国产免费,操作简单,适合新手快速上手。

6.2.2 市场报告生成

DeepSeek在市场报告生成中可以实现从数据到结论的全流程自动化。它能快速清洗、分析数据，生成可视化图表，并提炼关键结论，减少人工操作，避免错误，提升报告质量和效率，帮助市场人员更专注于决策与策略的制定。

【案例6-4】 以前各行各业的工作人员没有DeepSeek等AI工具的帮助，需手动清洗、分析数据，再制作图表并撰写结论。数据量大时效率低下，报告质量难以保证，影响决策准确性，增加工作压力。

DeepSeek提示词如下。

==小马工作七八年了，经常需要做市场报告，以前全部需要手工统计和整理数据，经常要加班加点才能完成。他听说新来的小林已经能够用DeepSeek轻松处理Excel表格中的复杂数据，无须掌握复杂的Excel函数。小马也想尝试用DeepSeek生成市场报告，希望AI能从数据到结论全流程帮他解决问题。请你给出详细的操作步骤并进行示范，软件尽量用国产免费的。==

DeepSeek解答如下。

小马可以通过DeepSeek轻松完成从数据到结论的市场报告生成，无须掌握复杂的Excel函数。以下是详细的操作步骤和工具推荐，尽量使用国产免费工具，操作简单易懂。

1. 准备工作

工具推荐：DeepSeek网页端（免费）、WPS Office（国产免费）。

操作步骤：①打开DeepSeek官网，注册并登录账号。②下载并安装WPS Office（国产免费办公软件，兼容Excel），用于打开和编辑Excel文件。③准备好需要分析的市场数据，确保数据已保存为xlsx格式。

2. 数据清洗与整理

操作步骤：①打开DeepSeek网页端，进入对话界面。②输入指令，例如："帮我清洗以下Excel数据：删除空行，合并重复项，并将日期格式统一为'YYYY-MM-DD'。""将表格中'销售额'列的数据按从高到低排序，并标记出前10%的数据。"DeepSeek会生成具体的操作步骤或直接提供清洗后的数据模板。③按照DeepSeek的提示，在WPS Office中手动调整数据，或使用DeepSeek的自动化功能（如支持API调用）直接处理数据。

优化技巧：①如果数据量较大，可以将Excel文件上传至DeepSeek支持的平台（如扣子），使用AI自动清洗功能。②对于复杂任务，可以分步提问，例如先清理空行，再处理重复项。

3. 数据分析与可视化

操作步骤：①输入提示词，例如："分析表格中'销售额'和'利润'的关系，并生成柱状图。""计算每个月的平均销售额，并生成折线图。"DeepSeek会提供分析结果，并建

议使用 WPS Office 的图表功能生成可视化图表。②在 WPS Office 中，选择"插入"菜单，根据 DeepSeek 的建议创建图表。

优化技巧：①如果需要更复杂的分析，可以输入："帮我用 Python 代码分析这份数据，并生成可视化图表。"② DeepSeek 会生成代码，小马可以将其复制到 Jupyter Notebook（免费开源工具）中运行。

4．市场报告生成

操作步骤：①输入提示词，例如："根据清洗后的数据，生成一份市场报告，包括销售额趋势、利润分析和市场建议。""总结 2023 年市场表现，并预测 2024 年市场趋势。"DeepSeek 会自动生成报告内容，包括数据分析和结论建议。②将 DeepSeek 生成的内容复制到 WPS Office 中，稍作调整即可完成报告。

优化技巧：①如果需要更正式的报告格式，可以输入："将报告内容改为正式商务风格，并添加目录和图表说明。"②对于重复性报告，可以设置自动化流程，例如："每月自动生成市场报告并发送至邮箱。"

5．自动化工作流

工具推荐：钉钉（免费）+ DeepSeek 插件。

操作步骤：①在钉钉中创建"市场报告"任务列表，同步 Excel 文件。②使用 DeepSeek 的"自动化工作流"功能，设置每月报告生成任务。输入指令："每月自动清洗、分析数据，并生成市场报告发送至邮箱。"③ DeepSeek 会自动生成工作流，并同步到钉钉日历。

举例

假设小马有一份 2023 年销售数据表 2023_sales.xlsx，需要生成一份市场报告。

1）数据清洗

输入："帮我清洗 2023_sales.xlsx，删除空行，合并重复项，并将日期格式统一为'YYYY-MM-DD'。"

DeepSeek 生成清洗后的数据模板，小马在 WPS Office 中调整。

2）数据分析

输入："分析 2023 年每月的销售额和利润，并生成柱状图。"

DeepSeek 提供分析结果，小马在 WPS Office 中插入图表。

3）报告生成

输入："根据 2023 年销售数据，生成一份市场报告，包括趋势分析、利润总结和 2024 年预测。"

DeepSeek 生成报告内容，小马复制到 WPS Office 中，稍作调整后完成报告。

由此可见，通过 DeepSeek，小马可以轻松完成从数据清洗到市场报告生成的全流程，无须掌握复杂的 Excel 函数。推荐使用 DeepSeek 网页端、WPS Office 和钉钉，这些工具

均为国产免费,操作简单,适合快速上手。

6.3 兴趣拓展:数字人说话、跳舞、唱歌、对话及音频制作

下面介绍如何让数字人说话、跳舞、唱歌、对话,同时说明多种音频的制作效果。

6.3.1 数字人说话、跳舞、唱歌、对话

数字人有多种类型,可以是 AI 工具中已有的人物,也可以是自己设定的人物。数字人可以说话、跳舞、唱歌、对话。下面以几种 AI 工具为例进行说明。更多的工具可以通过 DeepSeek 等工具查询并试用看一下效果。

1. 即梦AI数字人对口型说话

步骤1 计算机端打开网页版即梦 AI,选择"数字人"→"对口型"选项,单击"导入角色图片 / 视频"按钮 导入角色图片/视频,如图 6-2 所示。

步骤2 从资源库中选择一张宇航员的图片,此时系统提示"角色检测中" 角色检测中,通过检测后将显示出选择的数字人角色图片。再在"生成效果"中选择"大师",如图 6-3 所示。

图 6-2 单击"导入角色图片 / 视频"按钮   图 6-3 选择角色和生成效果

步骤3 在"对口型"选项区下的"文本朗读"按钮下面输入角色说的内容:"深空如墨,我悬浮在银河漩涡中。星云尘埃如彩色丝绸掠过指尖。这超越光速的绚烂,让我同时感受到渺小与永恒。"此时的界面显示如图 6-4 所示。

操作小贴士:角色说的内容是在 DeepSeek 中创建的,输入提示词"我有一个飞天梦,现在穿上了宇航服,想象着自己能在银河系飞行。请创作 60 字的描述内容表达我的感受"后,即可生成上面的内容。实际生成的内容每次可能不一样。

步骤 4　单击代表播音员的"魅力姐姐"按钮 魅力姐姐，打开"朗读音色"面板，从中选择"阳光青年"的音色，如图 6-5 所示，可以单击"播放"按钮试听音色效果是否满意。如果满意，单击面板右上角的"关闭"按钮将其关闭。

图 6-4　输入文本朗读内容

图 6-5　选择朗读音色

步骤 5　最后单击"生成视频"按钮 生成视频，就生成了用选择的数字人播放输入内容的效果，其中两帧的变化如图 6-6 所示，可见手、头和嘴巴都有变化。数字人说话效果请扫描二维码了解。

图 6-6　数字人播放内容时其中两帧的效果

🐋 **操作小贴士**：即梦 AI 数字人对口型只能免费试用几次。要用更多次，需要成为会员并购买积分。

2．即梦AI数字人动作模仿

步骤 1　计算机端打开网页版即梦 AI，选择"数字人"→"动作模仿"选项，单击"导入角色图片"按钮。

步骤 2　从资源库中仍选择宇航员的图片，此时系统提示"角色检测中" ⦿ 角色检测中 ，通过检测后将显示出选择的角色图片，如图 6-7 所示。

步骤 3　在"选择动作"选项区下的"预设模板"选项卡下面选择第一个人物的动作，如图 6-8 所示。此时也可以上传本地文件中有动作的人物视频作为参考。

步骤 4　单击"生成视频"按钮 生成视频 ，就根据参考动作生成了宇航员跳舞的效果，其中两帧效果如图 6-9 所示。

图 6-7　动作模仿人物　　　　图 6-8　选择动作

图 6-9　动作模仿人物视频两帧的效果

第 6 章　职场效率提升

操作小贴士：即梦 AI 中依次选择"数字人"→"动作模仿"→"选择动作"→"上传本地文件"，将手机上的动作短视频上传后，即可让人物进行模仿。

比如，要让古人做健美操，可以先生成一幅古人的图片，用于模仿现代人跳健美操的动作。再在抖音平台搜索健美操视频，找到喜欢的视频后将其打开，然后单击视频右边的"分享"按钮，再选择"分享链接"，即可复制该短视频的链接到剪贴板上，然后退出抖音平台。在微信中搜索"配音神器"的小程序并将其打开，选择"去水印"功能，将短视频的链接粘贴到编辑框中，单击"一键去水印"按钮，经过小程序解析，就去掉了短视频的水印。再单击"保存到相册"按钮，去掉水印的短视频即可保存到手机中备用。

用此方法可以下载抖音或者其他平台的短视频。

3．剪映App数字人应用

步骤 1　在手机上打开剪映 App，在主界面中找到"数字人"图标并点击，如图 6-10 所示。

步骤 2　从打开的视频和图片选择界面中选择"图片"选项卡，并选择手机中保存的一幅图片，同时选中"高清"选项，点击"添加"按钮，如图 6-11 所示。从"形象"选项卡下的"热门"选项中选择"空少"图片，如图 6-12 所示，点击"下一步"按钮。

步骤 3　在打开的页面中输入要播放的文案内容，确认后进入配音设置界面，试听一种男性音色，满意后点击"生成"按钮，如图 6-13 所示。如果有足够积分或是开通了 SVIP 权限，则等待一会即能够生成数字人播放视频，保存到手机或者进行发布即可。

图 6-10　选择"数字人"选项　　图 6-11　选择背景　　图 6-12　选择形象　　图 6-13　设置文案和音色

操作小贴士：选择数字人形象时，灰色背景表示透明，会用选择的背景图片作为数字人播放背景；非灰色背景表示不透明，将遮盖单独选择的背景图片的一部分或者全部。

4．度加剪辑App数字人应用

打开度加剪辑App，在主界面中选择AI数字人，然后从"数字人模板"中选择一个形象。再在打开的界面中点击"立即使用模板"按钮，输入一段英文内容和对应的中文翻译文字，点击"生成视频"按钮，如图6-14所示。在有足够积分或者成为专业用户后，即可生成数字人播放视频。

图6-14　用度加剪辑App中数字人进行双语播报

5．众影AI数字人应用

众影AI是一款侧重于动画创作的App工具，可以将输入的角色对话文字转为动画，也可以将声音转为动画，还可以将输入的文本内容自动分析剧本后生成动画。然后会生成不同的分镜头，再选择动画角色后，就可以根据角色和输入的内容生成有人声的动画效果。这些动画角色也是一种数字人应用。下面通过一个实例进行说明。

步骤1　让DeepSeek生成一段孙悟空与猪八戒对话的趣味台词，在DeepSeek中输入提示词："给出悟空与八戒的趣味经典对话，控制在200字以内。"然后复制生成的如下内容（可在文本编辑器中编辑后再复制）。

悟空（揪耳朵）："呆子！让你巡山探路，怎的抱树睡大觉？"

八戒（流着口水惊醒）："俺老猪正梦见高老庄摆宴席，清蒸人参果、红烧狮子头……"

悟空（冷笑）："馋货！火眼金睛早瞧见你口水冲垮三座山！"

八戒（擦着嘴狡辩）："胡说！俺这是替师父尝露水辨毒！刚尝到第八百斤……"

悟空（变出石头馒头）："既如此，赏你蟠桃馅馒头……"

八戒（猛咬一口后哀号）："杀千刀的弼马温！石头变馒头！"

悟空（哈哈大笑）："呆子，这馒头可还香甜？"

八戒（揉着腮帮子）："哐哐哐！俺老猪的牙都要崩掉了！"

悟空（翻个跟头）："叫你贪吃！下次再偷懒，俺老孙让你尝尝金箍棒的滋味！"

八戒（小声嘀咕）："这猴子，比俺老猪还记仇……"

步骤2　在手机上打开众影AI，点击界面上面"文生动画"按钮，然后在打开的"输入内容"界面中的编辑框内粘贴对话内容，如图6-15所示。

步骤3　点击"下一步"按钮，众影AI开始生成分镜头，等待一会儿，就会显示分镜头的内容，如图6-16所示。将内容输入到上面的角色设置框中。

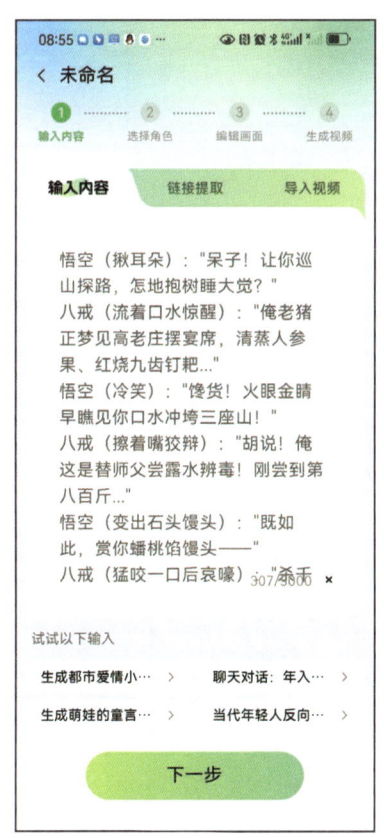

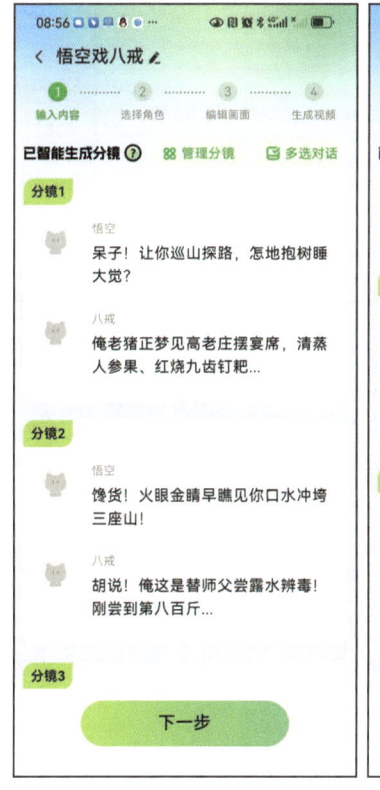

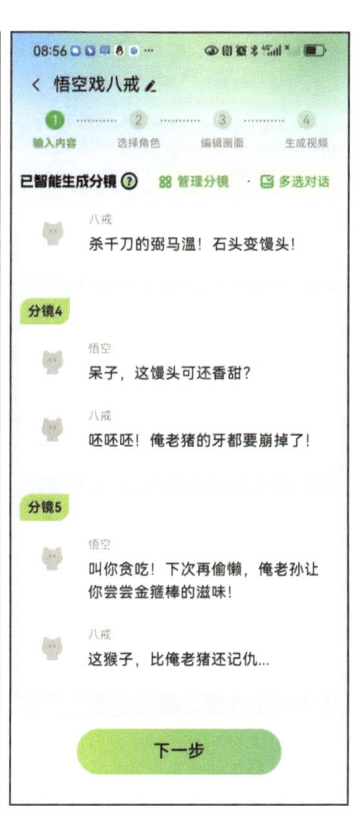

图6-15　输入内容

(a) 分镜界面1　　(b) 分镜界面2

图6-16　生成分镜头

步骤4　点击"下一步"按钮，选择视频比例为16∶9；在"选择角色"部分，角色1选择模板角色中的悟空，角色2选择模板角色中的八戒，效果如图6-17所示。

步骤5　点击"下一步"按钮，开始生成动画，等待一会儿，则完成动画的生成，如图6-18所示，将其保存到手机中即可。

步骤6　在手机中播放，可以看到悟空和八戒趣味对话的动画效果，其中两帧效果如图6-19所示。可以扫描二维码观看动画效果。

图6-17　选择角色和视频比例

图6-18　生成动画

图6-19　动画中的两帧效果

6．用通义App让照片中人物跳舞

通义是阿里推出的全能AI助手，具备深度思考、知识问答、拍照讲题、实时记录、智能写作等功能，支持多模态交互，适用于办公、学习、生活等场景。通义App提供数字人模拟跳舞和唱歌功能，通过AI技术让静态照片"活"起来。上传全身照即可生成热门舞蹈视频（如科目三、毕业舞等）；EMO模型支持照片开口唱歌／说话，匹配音频与表情，提供80多种预置模板。两项功能均免费，操作简单，适合娱乐创作。

下面说明小学生跳"科目三"舞蹈视频的操作步骤。

步骤1　打开通义App，在主界面（图6-20）中点击右上角的按钮，在打开界面中选择"视频生成"选项卡；再点击"全民舞王"选项，如图 6-21 所示。在打开的舞蹈列表中选择"科目三"舞蹈并在图片上点击，打开的界面如图 6-22 所示。

步骤 2　点击"做同款"按钮，打开如图 6-23 所示界面。点击"请上传半身/全身照"所在的黑色框，然后从手机中选择小学生的照片。

图 6-20　打开通义 App　　图 6-21　选择"全民舞王"　　图 6-22　点击"做同款"按钮　　图 6-23　上传照片

步骤 3　调整小学生照片显示的位置和视频比例后，如图 6-24 所示，点击"完成"按钮，则照片会导入形象列表中。

步骤 4　从形象库中选择小学生照片，如图 6-25 所示，再点击"立即生成"按钮，则开始生成视频。视频生成完，将其下载到手机中保存即可，如图 6-26 所示。

📞 **操作小贴士**：如果在视频生成过程中退出了通义 App，也不影响视频的生成操作。视频生成结束后，可以在通义 App 主界面中点击左上角的"菜单"按钮≡，在打开的界面中选择右上角的"我创建的"选项，然后选择新生成的视频并点击"下载"按钮进行下载。

按照上面的步骤重新进入"全民舞王"列表中并点击"我的记录"，也可以找到生成完的视频。

7．用通义App让照片中人物唱歌

步骤 1　打开通义 App，在主界面中点击右上角的按钮 ⊞，在打开界面中选择"视频生成"选项卡，再点击"全民舞王"→"爆款热歌"，在打开的"爆款热歌"列表中选择标题为"春雨闹人"的图片，如图 6-27 所示。然后点击该图片，打开的界面如图 6-28 所示。

步骤2　点击"做同款"按钮,在打开界面中选择要唱歌的人物图片,调整照片显示的位置和视频比例后,点击"立即生成"按钮,如图6-29所示,则开始生成视频。视频生成完,将其下载到手机中保存即可。

图6-24　调整照片并设置比例　　　图6-25　选择形象　　　图6-26　生成视频

图6-27　"爆款热歌"列表　　　图6-28　做同款内容　　　图6-29　选择人物

6.3.2 音频效果

用即梦AI和剪映可以为视频添加音效,比如模仿下雨的声音和鸟叫的声音,使视频更加生动。另外,用即梦AI等工具可以方便地创作人声歌曲和音乐等。

1. 在即梦AI中为视频添加音效

下面为下雨的视频添加雨声音效。

步骤1　手机上打开即梦AI,在界面下面选择"灵感"选项卡,从中选择喜欢的卡通图片,然后点击"做同款"按钮,就可以生成一幅图片,如图6-30所示。

步骤2　去掉图片上的水印,然后在即梦AI中选择"生成视频"功能,设置提示词为"雨越下越大,两个卡通人都睁大了眼睛,蜗牛在晃动脑袋",然后生成视频。

步骤3　点击新生成的视频,界面右上角上会显示"音效"图标,如图6-31所示。点击"音效"图标,则再次生成视频。视频生成完,会显示三种音效,试听后选择满意的一种雨声音效,然后将视频下载到手机中即可。

图6-30　生成图片

图6-31　为视频添加音效

2. 在剪映中为视频添加音效

下面为孙悟空和猪八戒在森林中穿行的视频添加鸟叫音效。

步骤1　在剪映App中点击"开始创作"按钮,然后添加一个孙悟空和猪八戒在森林中穿行的视频。

步骤2　在时间轴中将播放指针移动到轨道最前面。在视频轨道下面点击"添加音频"按钮，或者点击界面底部的"音频"图标，底部显示出音频相关功能。点击"音效"按钮，然后在上面的音效类别中滑动到最后，找到"动物"类别，可以点击试听一下鸟叫声，选择满意的"吱吱，鸟叫声1"音效，再点击"使用"按钮，如图6-32所示。此时该音效添加到时间轴中。

步骤3　由于音效播放时间比视频播放时间短，因此将播放指针移动到音效最后位置，再添加一个一样的音效。

步骤4　再将播放指针移动到视频轨道最后，选中第二个音效，用分割和删除功能将超过视频转道长度的音效部分删除。此时可以看到音频轨道上有两段音效，最后位置与视频轨道对齐，如图6-33所示。

步骤5　使用默认的1080P视频分辨率，点击"导出"按钮，将视频保存到手机中即可。

图6-32　添加鸟叫音效　　　　图6-33　视频轨道

3. 在剪映中为即梦AI生成的视频配音

下面为4个动画片段中的孙悟空和猪八戒分别配音，最后合成为一个动画，形成一个完整动画短片的效果。

步骤1　在手机上打开即梦AI，选择"图片生成"功能并生成图片，提示词如下："以中国经典神话《西游记》和相关的经典中国动画片为蓝本,绘制孙悟空和猪八戒在森林中的场景。孙悟空头戴金冠,身着黄色紧身衣和虎皮裙,脚蹬黑靴,手持金箍棒,表情灵动。猪八戒头戴黑色帽子,系红色领巾,身穿宽松灰衣,袒露肚皮,手持钉耙,笑容憨态可掬。背景是阳光斑驳的茂密森林,树木高大,光影交错,营造出奇幻冒险氛围。"

步骤2　再选择"视频生成"功能并生成视频,分别用下面对话内容的每句话作为提示词,并适当增加对人物是否说话的描述。如果生成的视频不满意,可以修改提示词并重新生成视频。最后选择满意的4个视频分别保存到手机中。

孙悟空:"呆子,记住,休要贪吃误事!"(提示词1)

猪八戒:"猴哥,俺老猪这叫补充体力!"(提示词2)

孙悟空:"哼,少找借口,待俺去探路,你守好行李。"(提示词3)

猪八戒:"去吧去吧,莫要凶俺。"(提示词4)

步骤3　在手机上打开剪映App,点击"开始创作"按钮,再将第一个视频添加到轨道中。

步骤4　在剪映App主界面底部点击"音频"按钮,再在音频类型中选择"AI配音"功能。复制文本"呆子,记住,休要贪吃误事!"并粘贴到文本编辑框中,然后点击"应用"按钮。再在"选择音色"部分点击"更多音色＞"按钮,从音色列表中选择"猴哥Pro",模拟动画片中孙悟空讲话的音色,如图6-34所示。试听一下声音,满意就点击右侧的"对勾"按钮,则选中的音色图标列在了第一排最前面。

如果需要调整语速等参数,可以点击该音色图标并打开"调整参数"面板进行调整。

步骤5　点击"下一步"按钮,则进入轨道编辑界面,如图6-35所示。如果需要调整字幕的位置和大小等,可以在上面预览框中选择字幕,即进入字幕编辑状态,拖动字幕可以调整位置,点击"×"按钮可以删除,也可以进行缩放或者旋转操作。调整好,点击"导出"按钮导出视频。

步骤6　按照同样方法,导入第二个猪八戒开口说话的视频,在"AI配音"界面中输入文本:"猴哥,俺老猪这叫补充体力!"从音色列表中选择"八戒Pro",如图6-36所示。调整好视频后导出即可。

步骤7　同理,选择合适音色并为第三个视频配音,孙悟空说的话是:"哼,少找借口,待俺去探路,你守好行李。"为第四个视频配音,猪八戒说的话是:"去吧去吧,莫要凶俺。"调整好视频后再导出。

步骤8　最后将4个视频按照对话的先后顺序导入剪映App中合成为一个视频并导出。播放视频,就可以看到类似动画短片中的人物对话效果。

操作小贴士:本动画短片制作成功的关键是人物开口说话的动作与说话的内容尽量匹配。所以如果生成的动画与文字匹配效果不好,需要重新生成动画,或者适当调整对话内容。

另外,试一下用英语给动画片配音也非常有趣。

图6-34　音色选择"猴哥Pro" 　　图6-35　轨道编辑界面 　　图6-36　音色选择"八戒Pro"

4．人声歌曲

下面说明如何通过即梦AI网页版创作人声歌曲。

步骤1　在计算机端浏览器中打开即梦AI官网,单击"图片生成"或者"视频生成"等按钮,进入创作界面。

步骤2　从创作界面左上角选择"音乐生成"选项卡,再选择"人声歌曲"类别,如图6-37所示。可以在下面的文本框中输入提前准备好的歌词,或者单击"一键生词"按钮来自动生成歌词,本例采用自动生成歌词方式;音乐风格选择"民谣"曲风,如图6-38所示。

步骤3　单击"立即生成"按钮,则开始生成人声歌曲。生成完可以在界面右边单击"播放"按钮试听效果,单击试听界面则会将其放大显示,如图6-39所示。单击左上角的"关闭"按钮 可以关闭视听界面的放大效果。试听满意,则单击试听界面上的"下载"按钮 将人声歌曲下载并保存。

5．轻音乐

下面说明如何通过即梦AI网页版创作纯音乐。

步骤1　按照生成人声歌曲的方法,从创作界面左上角选择"音乐生成"选项卡,再选择"纯音乐"类别,然后单击"换个灵感"按钮,生成对纯音乐定位要求的文本,如图6-40所示。如果对文本不满意,可以继续单击"换个灵感"按钮生成文本,也可以直接输入自己的要求。

步骤2　在下面可以选择音乐的类型,单击右边的▶按钮可以看到更多类型,此处也可以不选择。再在下面设置音乐时长,默认是30秒。然后单击"立即生成"按钮,则开始生成纯音乐。生成完可以试听效果,试听界面放大后如图6-41所示。试听满意,则单击试听界面上的"下载"按钮,将音乐下载并保存。

图6-37　选择"人声歌曲"类别

图6-38　自动生成歌词并选择曲风

图6-39　放大试听界面

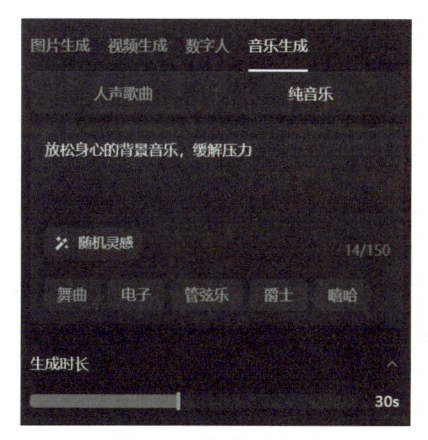

图6-40　创作纯音乐

图6-41　试听纯音乐效果

第 7 章　创作与展示

在创作与展示领域，PPT 制作可通过 DeepSeek 的 Markdown 格式输出等 AI 工具快速生成结构化大纲，结合美间 AIPPT/Kimi 等平台实现模板智能排版与配色优化，并通过 PowerBI 等工具制作动态图表，以网页加载项形式嵌入 PPT 实现数据交互。文案创作方面，新媒体标题需突出核心信息与矛盾点（如"瑞幸创始人决定干掉瑞幸"的冲突性表达），强调"用事实说话"破除用户脱敏；品牌故事构建需围绕核心价值（30%）、情感共鸣（25%）与真实案例（20%）展开，通过创始人历程、用户见证等维度建立差异化叙事框架。动态内容与精准文案的结合，可提升信息传达效率与受众黏性。

7.1　PPT制作

PPT 大纲生成可通过 DeepSeek 生成 Markdown 框架结合结构化思维（金字塔原理、PREP 逻辑模型）实现内容梳理；美化需遵循排版三原则（对齐/聚焦/对比）及配色方案（单色/渐变/图片背景），通过母版统一风格；动态图表嵌入采用 PowerBI 等交互组件，结合路径动画（渐变/飞入等效果）与数据联动更新，实现可视化呈现。

7.1.1　大纲生成与美化

学术汇报模板大纲应包含研究背景、方法论与结果讨论等模块化结构，采用蓝灰主色调与双栏布局强化逻辑层次；商业路演模板需涵盖企业历程、产品技术与投资愿景等核心板块，运用品牌标准色与信息可视化组件。两者均需通过母版统一标题层级，结合逻辑连接词实现模块间自然过渡。

【案例 7-1】小付以前总要手动构建学术汇报模板，需耗时设计模块结构（研究背景/方法论/结果讨论）并反复调试双栏布局对齐；小丰进行商业路演也需手动匹配品牌色值及逐页调整信息图表元素（如企业历程时间轴/产品技术架构图），母版统一需逐页核对标题字号与间距，逻辑衔接需人工筛选过渡词并检查段落连贯性，单份模板制作平均耗时超8小时且易出现配色偏差或版式错位。他们都希望能够用 DeepSeek 快速完成相关工作，提高 PPT 制作效率。

DeepSeek 指令如下。

==我是一名 AI 新手，很多 AI 工具不是太会使用，请告诉我如何完成大纲生成与美化，并提供学术汇报/商业路演模板，最好能够给出具体案例和详细操作步骤。表达尽量简单扼要，语言通俗易懂。如果要使用 AI 工具，首选国产免费版本。==

DeepSeek 解答如下。

作为 AI 新手，你可以使用以下国产免费 AI 工具快速完成大纲生成与美化，并获取学术汇报/商业路演模板。

1．大纲生成与美化

工具推荐：DeepSeek、Kimi、美间 AIPPT。

操作步骤：

- 登录 DeepSeek 官网，输入需求（如"生成2025年 AI 趋势预测 PPT 大纲"），选择 Markdown 格式输出，生成逻辑清晰的大纲。
- 将 DeepSeek 生成的大纲粘贴到 Kimi 的 PPT 助手，选择模板（如"科技感"或"极简商务"），一键生成 PPT。
- 访问美间 AIPPT，输入主题，生成大纲并选择模板，支持导出 PPT、PDF 等格式。

2．学术汇报模板

案例：以"人工智能在医疗领域的应用"为例。

- 大纲：使用 DeepSeek 生成包含"引言、应用现状、技术趋势、挑战与未来展望"的大纲。
- 美化：在 Kimi 中选择"学术蓝"模板，自动匹配图表和图标，生成专业 PPT。

3．商业路演模板

案例：以"AI 赋能职业教育"为例。

- 大纲：使用 DeepSeek 生成包含"痛点分析、解决方案、市场潜力、团队优势"的大纲。
- 美化：在 Kimi 中选择"商务风"模板，插入动态图表和品牌 Logo，生成视觉冲击力强的 PPT。

4．详细操作步骤

- DeepSeek 生成大纲。输入指令为："生成一份'AI 赋能职业教育'PPT 大纲，包含痛点分析、解决方案、市场潜力、团队优势。"选择 Markdown 格式输出。
- Kimi 生成 PPT。粘贴大纲，选择模板（如"商务风"）。调整字体、配色，插入动态图表。
- 美间 AIPPT 美化。输入主题，生成大纲并选择模板。

> 导出 PPT 或 PDF。

通过这些工具和步骤,您可以快速完成大纲生成与美化,并获取专业的学术汇报/商业路演模板。

7.1.2 动态图表嵌入

使用 DeepSeek 进行动态图表嵌入,首先上传销售数据,通过 AI 智能推荐图表组合(如折线图、柱状图),生成 HTML 格式代码并保存为文件。将文件嵌入 PPT 或网页,即可实现交互式动态展示,支持鼠标光标悬停、数据下钻等高级功能,提升数据可视化效果。

【案例 7-2】以前没有 AI 帮助,小李需手动整理销售数据,选择图表类型并设计布局,编写 HTML 代码实现交互功能,耗时且易出错。他需将图表嵌入 PPT 或网页,调试兼容性,确保动态展示效果。小李希望能够借助 AI 工具快速生成动态图表,提升数据可视化效率。

DeepSeek 指令如下:

我对 AI 了解不多,我想使用 DeepSeek 进行动态图表嵌入,同时我是做新能源汽车销售工作,请给出详细操作步骤。描述要简明扼要,通俗易懂。AI 工具首选国产免费版本。

DeepSeek 解答如下。

以下是使用 DeepSeek 进行动态图表嵌入的具体操作步骤。以新能源汽车销售数据可视化为例。

> 准备数据:将新能源汽车销售数据整理成 Excel 表格,例如"2025 年 2 月新能源汽车销量前 5 名数据.xlsx",确保数据清晰且格式正确。
> 上传数据:登录 DeepSeek,在提示词对话框中上传 Excel 文件,输入提示词:"请将表格数据生成综合数据看板,要求包含可视化数据展现,转用 HTML 格式输出。"
> 生成图表:DeepSeek 会在几十秒内生成 HTML 格式的可视化图表,复制生成的 HTML 代码,保存为"看板.html"文件。
> 嵌入展示:打开"看板.html"文件,即可看到动态图表,支持鼠标悬停、数据下钻等交互功能。将 HTML 文件嵌入 PPT 或网页中,即可实现动态展示。
> 优化调整:如果不满意,可以修改原始 Excel 表格,重新生成图表,直到效果满意为止。

通过以上步骤,你可以轻松实现新能源汽车销售数据的动态可视化展示。

7.2 文案写作

在掌握了新媒体标题优化的核心策略后,我们自然过渡到品牌故事的创作。通过精准的用户画像驱动,品牌故事不仅能传递价值,更能与目标受众产生深度共鸣,从而进一步提升品牌影响力。标题优化吸引用户点击,而品牌故事则深化用户对品牌的认知与情感连接,两者相辅相成,共同构建完整的新媒体营销体系。

7.2.1 新媒体标题优化

新媒体标题优化是提升点击率的关键策略,通过简洁明了的表达、关键词嵌入和情感共鸣等技巧,吸引目标受众。结合热点话题和数字等元素,激发好奇心,同时确保标题与内容一致,避免"标题党",从而有效提升传播效果。

【案例7-3】 在没有AI辅助的情况下,小江需要耗费大量时间手动追踪热点,筛选关键词,并反复打磨标题,确保其简洁、吸引眼球且符合用户兴趣。同时,他需结合数据分析和用户反馈,不断调整策略。这一过程不仅效率低下,还容易因主观判断导致偏差。AI可以显著提升效率,自动生成精准、个性化的标题,帮助小江快速捕捉用户需求,优化传播效果。

DeepSeek指令如下。

小江是一名工作三年的文科生,对AI知之甚少,她负责单位公众号和小红书等新媒体的发布和维护,很希望借助AI帮她优化标题,能够提升客户点击率。她从事的是食品行业,请给出具体的操作方法,并给予具体的应用案例让她快速学习。AI工具尽量使用简单易学的国产免费工具。

DeepSeek解答如下。

作为AI新手,小江可以使用以下国产免费AI工具快速完成大纲生成与美化,并获取学术汇报/商业路演模板。可以通过以下步骤利用国产免费AI工具优化食品行业的新媒体标题,提升点击率。

1. 选择AI工具

推荐使用DeepSeek、豆包或文心一言等国产免费工具,这些工具操作简单,适合初学者。例如,DeepSeek支持深度思考和逻辑推理,豆包则擅长多模态处理和智能对话。

2. 输入关键词

结合食品行业特点,输入相关关键词,如"健康零食""低卡食谱""家庭烘焙"等。例如,在DeepSeek中输入"低卡零食推荐",AI会生成多个标题方案。

3. 生成标题

AI会根据关键词生成多个标题,例如,"低卡零食推荐!健康又解馋,减肥党必备!""家庭烘焙秘籍:3款简单甜点,新手也能轻松上手!"

4. 优化标题

根据平台特点调整标题,如小红书可加入emoji表情(视觉情感符号,如微笑等),公众号则注重简洁和实用性。举例如下。

> 小红书标题:"✨低卡零食清单!减肥也能放心吃,健康又美味!"
> 公众号标题:"家庭烘焙指南:3款简单甜点,新手也能轻松上手!"

5. 测试反馈

发布后观察点击率,根据数据反馈优化标题策略。例如,通过DeepSeek的AB测试功

能,选择点击率最高的标题。

举例

案例1:在豆包中输入"健康早餐食谱",生成标题为"5分钟搞定健康早餐,营养又美味"。

案例2:在文心一言中输入"儿童零食推荐",生成标题为"宝妈必看!3款健康儿童零食,孩子爱吃又放心"。

通过这些方法,小江可以快速掌握AI辅助标题优化的技巧,提升内容传播效果。

7.2.2 品牌故事生成

品牌故事生成以用户画像为核心,通过分析目标受众的年龄、兴趣、消费习惯等数据,构建精准的用户画像,并以此为驱动,创作出能够引发共鸣的品牌故事。这种数据驱动的创作方式不仅提升了品牌故事的情感吸引力,还能有效增强用户对品牌的认同感和忠诚度,实现品牌价值的深度传递。

【案例7-4】 小宋在没有AI帮助的情况下,需要手动收集和分析目标受众的年龄、兴趣、消费习惯等数据,耗时耗力。她还需反复构思和打磨品牌故事,确保其与用户画像匹配并引发共鸣。这一过程不仅效率低下,还容易因主观判断导致偏差。小宋急需AI工具自动进行数据分析并生成品牌故事,帮助她快速创作出更具情感吸引力的内容,提升品牌认同感和顾客的忠诚度。

DeepSeek指令如下。

小宋是一名对AI工具不太了解的销售人员,从事的是家具类销售工作。她所在的公司知名度还不是太高,小宋希望通过自媒体并借助DeepSeek等AI工具的帮助,能够生成品牌故事,完成用户画像的驱动创作工作。请给她提供帮助,给出详细的操作步骤和方法,并通过具体案例进行说明。选用的AI工具尽量是国产免费。

DeepSeek解答如下。

小宋可以通过以下步骤利用国产免费AI工具(如DeepSeek、豆包或文心一言)生成品牌故事,完成用户画像驱动的创作工作。

1. 操作步骤和方法

(1)明确目标与需求。

➢ 确定品牌定位:明确公司家具品牌的核心价值,例如"环保""舒适"或"高性价比"。

➢ 定义目标受众:分析目标用户群体,如年轻家庭、都市白领或设计师。

(2)构建用户画像。

➢ 收集数据:通过问卷调查、社交媒体评论或销售数据,收集目标用户的年龄、兴趣、消费习惯等信息。

> 输入AI工具：将收集到的数据输入DeepSeek或文心一言，生成用户画像。例如，输入提示词"目标用户：25～35岁，都市白领，注重家居设计，预算中等"。

（3）生成品牌故事。

> 输入品牌信息：将公司品牌的核心价值、产品特点和用户画像输入AI工具。例如，输入提示词"品牌：环保家具，设计简约，价格亲民；用户：注重环保和设计感的年轻家庭"。
> 生成故事框架：AI会生成多个品牌故事框架，例如，输入提示词"为年轻家庭打造的环保家具，简约设计，让生活更美好"。
> 优化故事内容：根据公司实际情况调整故事细节，确保内容真实且吸引人。

（4）发布与反馈。

> 发布内容：将生成的品牌故事发布到公司公众号、小红书等平台。
> 收集反馈：通过用户评论、点赞和分享数据，分析内容效果，并根据反馈优化后续创作。

2．应用案例

（1）环保家具品牌故事。

> 用户画像：25～35岁，都市白领，注重环保和设计感，预算中等。
> 品牌信息：环保家具，设计简约，价格亲民。
> 生成故事："我们为年轻家庭打造环保家具，采用可持续材料，设计简约而不失时尚。每一件家具都承载着对地球的关怀，让您的家更舒适、更环保。"

（2）高性价比家具品牌故事。

> 用户画像：30～40岁，工薪家庭，注重实用性和性价比。
> 品牌信息：高性价比家具，功能多样，耐用实惠。
> 生成故事："我们深知每个家庭对舒适生活的追求，因此我们提供高性价比家具，功能多样，耐用实惠。让您的每一分钱都花在刀刃上，打造温馨的家。"

3．工具使用技巧

> DeepSeek：支持深度思考和逻辑推理，适合生成复杂的品牌故事。
> 文心一言：擅长自然语言处理，适合生成情感丰富的故事内容。
> 豆包：多模态处理能力强，适合结合图片和文字生成内容。

通过以上步骤，小宋可以借助国产免费AI工具，快速生成精准的用户画像和品牌故事，提升公司品牌知名度和用户认同感。同时，结合数据反馈不断优化内容，逐步打造出更具吸引力的品牌形象。

7.3 兴趣拓展：快速掌握各种便利AI工具

无论学习、工作还是生活，掌握常用的一些AI工具的用法，对于提高学习和工作效率，增加生活乐趣，都有很大的帮助。本节将介绍一些常用AI工具的用法，包括计算机端和手机端的工具。

7.3.1 用百度AI PPT功能快速生成PPT

下面通过案例说明用百度 AI PPT 功能快速生成 PPT 的方法。

步骤1 在计算机中打开百度官网,在顶部工具栏中单击 AI+ 图标 ,打开 AI+ 界面。在中间位置单击 AI PPT 图标 AI PPT,则提示词输入框中自动输入如下提示词:"帮我生成 PPT,主题为'AI 在日常生活中的应用'。"可以根据实际需要修改提示词,本例就用默认提示词。

步骤2 单击"发送"按钮,则会生成 PPT 大纲,内容如下。

已为您生成可自由编辑的大纲。确认无误后,单击下方"选择模板"按钮,即可进入 PPT 模板选择页面。

主标题:AI 在日常生活中的应用

第1章 智能家居应用场景

1.1 语音助手设备交互

1.2 智能家电联动控制

1.3 家庭安防监控系统

第2章 医疗健康服务优化

2.1 疾病辅助诊断系统

2.2 个性化健康管理方案

2.3 医疗影像智能分析

第3章 交通出行智能革新

3.1 自动驾驶技术应用

3.2 实时路线规划算法

3.3 共享出行调度系统

第4章 教育学习模式升级

4.1 自适应学习平台

4.2 智能作业批改工具

4.3 虚拟教学助手

第5章 金融服务效率提升

5.1 智能风控评估模型

5.2 自动化理财顾问

5.3 人脸支付认证技术

第6章 娱乐媒体内容创新

6.1 个性化推荐算法

6.2 AI 生成艺术创作

6.3 虚拟现实交互体验

步骤3　此时可以直接编辑章节内容。如果将光标放到章和大节标题上,会显示一些功能按钮,单击某个按钮可以增、删章节内容或者降、升章节的层次。功能按钮如下。

章标题对应功能按钮 ↓降为子节　⊕新增章节　□删除 。

大节标题对应功能按钮 ↑升为章节　⊕新增子节　□删除 。

步骤4　如果不做更改,则单击"选择模板"按钮 P 选择模板 ,则会显示出系统提供的模板,可以单击"向右"按钮 › 或者"向左"按钮 ‹ 进行模板的浏览。选中一个感兴趣的模板,在下面可以预览封面效果,如图 7-1 所示。也可以选中一个模板后,按左、右箭头键查看模板效果。

图 7-1　选择 PPT 模板

步骤5　选中合适的模板后,单击"开始生成 PPT"按钮 P 开始生成PPT ,则开始生成 PPT。生成结束,单击"下载"按钮,将 PPT 保存到计算机中即可。

步骤6　在计算机中打开下载的 PPT,根据实际需要修改相关内容即可。其中两页的显示效果如图 7-2 所示。

图 7-2　生成 PPT 中两页的显示效果

7.3.2 用海螺AI工具生成图片和视频

海螺 AI 是上海稀宇科技有限公司研发的一款多功能 AI 工具,支持文本、语音、图片输入,可实时解答问题;能速读文件生成摘要;提供语音对话、口语练习,支持声音克隆;还能进行创意内容生成,如文生视频、图生视频等。海螺 AI 目前有网页版和移动端 App 版本。

下面说明如何使用海螺 AI 工具生成图片和视频。

步骤 1 在 DeepSeek 或其他搜索工具中搜索"海螺 AI 官网地址",则可以快速找到该官网地址。在计算机浏览器中输入海螺 AI 官网地址,打开海螺 AI 主界面。输入手机号和验证码或者用微信扫码登录后,就可以免费使用一些功能。

步骤 2 在海螺 AI 官网主页左边菜单中单击"创作图片"按钮,如图 7-3 所示,则进入图片创作界面。

图 7-3 单击"创作图片"按钮

步骤 3 在图片生成的文本框内输入"生成一个卡通小女孩的图片",下面的选项可以添加参考角色,选择生图模型并设置图片比例,设置生成图片的数量,此处都使用默认设置,如图 7-4 所示。

图 7-4 选项采用默认设置

第 7 章 创作与展示

步骤 4　单击有粉红色海螺和生成图片数量的粉色按钮,则开始生成图片,最终效果如图 7-5 所示。然后将图片逐一下载并保存。

图 7-5　生成图片的效果

步骤 5　下面开始生成视频。在左边单击"生视频"按钮,在上面选择"图生视频"选项卡,然后导入一幅小女孩的图片作为参考图,再在文本框中输入视频生成提示词"一个小女孩向一只小羊羔跑去,小羊羔正在草地上吃草,运用推镜",如图 7-6 所示。视频生成模型选项中使用默认值,再单击粉色的生成视频的按钮,则开始生成视频。完成视频生成后,界面如图 7-7 所示。

最后将视频下载并保存即可。

图 7-6　设置图生视频的参考图片和提示词

图 7-7　视频生成模型的设置及视频生成效果

7.3.3　用Vidu AI工具生成视频

Vidu AI 是由北京生数科技有限公司与清华大学联合开发的 AI 视频生成工具。其功能包括文生视频、图生视频、参考生视频，能生成高清视频，支持多主体一致性、多镜头切换，还有海量个性模板，生成速度快，使用便捷。目前有网页版、计算机客户端安装版和移动端 App 版本。

下面通过实例说明用 Vidu AI 生成视频的方法。

步骤 1　在计算机浏览器中搜索 Vidu AI 官网并将其打开，进行登录后即进入主页，如图 7-8 所示。单击"创作"按钮，进入视频生成页面。

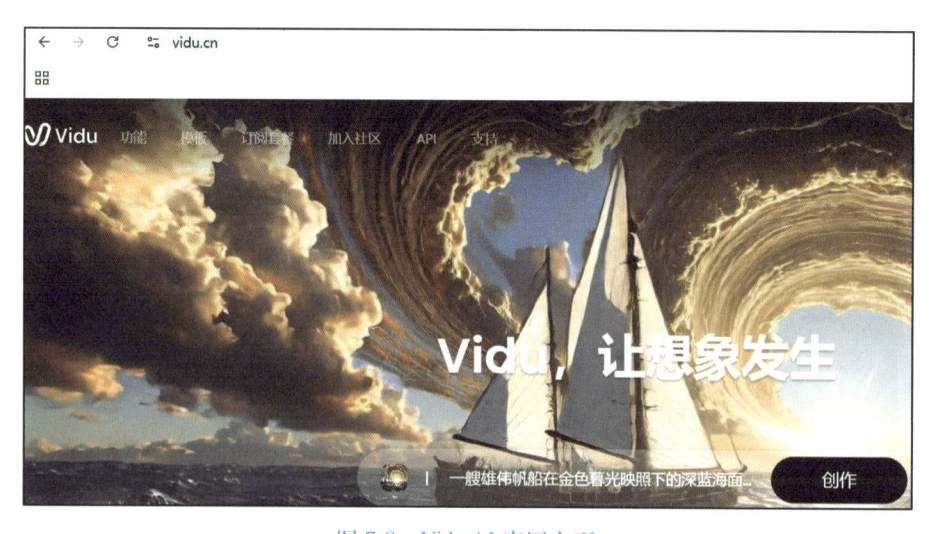

图 7-8　Vidu AI 官网主页

步骤 2　在顶部采用默认的 Vidu 2.0 视频生成模型。然后选择"图生视频"选项卡，单击左边图片，导入提前创作好的群马在草原上奔跑的图片，该图片将作为视频的首帧；右边的尾帧图片可以不选择。再在下面的文本编辑框中输入生成视频的提示词："群马在草原上快速向前奔跑，腾出一片灰尘。远处隐约可见群山。采用俯拍镜头，镜头由近到远。"如图 7-9 所示。

第 7 章 创作与展示

图 7-9 设置首帧图片和视频生成提示词

步骤 3 "设置"选项区可以设置"时长""清晰度""运动幅度""数量""错峰模式"等参数，此处均使用默认值。然后单击"创作"按钮，则开始生成视频，等待一会完成视频生成后，效果如图 7-10 所示。最后可以将视频下载并保存。

图 7-10 "设置"选项区参数及生成的视频画面

操作小贴士：可灵、即梦、海螺、Vidu 这 4 种 AI 视频工具在创作视频方面各有侧重，下面对这 4 种工具进行简单对比。各工具特点如下。

（1）可灵：综合效果最佳。可灵 1.6 模型新增"多图参考"功能，能融入固定主体元素或背景画面。还有多种创意特效。

（2）即梦：效率最佳，免费版 1080P 视频生成速度达行业均值的 3.2 倍。对中文解析能力强，能完美生成中文字符，支持"用方言配音"等本土化功能。最新上线动作复刻黑科技，表情、肢体动作还原度高达 98%。

（3）海螺：好莱坞级的"情绪渲染大师"，在人物表情、情绪表达上最佳。运镜有很多模板，让初级用户轻松实现大师级运镜。

（4）Vidu：动漫画风表现最佳，创造了全球首个"多主体参考"功能，突破视频模型一致性生成难题。AI模版内容丰富。

综合比较后，可参考如下选择：高效、便宜选即梦，脑洞特效选可灵，情绪运镜选海螺，二次元风（动漫、游戏类）选Vidu。

另外，智谱清言也可以生成视频，读者可以在计算机上安装客户端软件进行测试，排队时间较长，但是生成的视频效果还不错。

7.3.4 用百度文心智能体平台创建自己的智能体

智能体就像一个有智慧的虚拟助手或"小机器人"，它能像人一样感知周围环境。比如通过各种传感器获取信息；能思考分析，依据自身知识和算法模型来推理决策；还能采取行动去完成任务。例如，当你跟智能语音助手Siri说"帮我查一下明天的天气"，它会"听到"你说的话（感知环境），然后在后台利用相关数据和算法进行查询分析（推理决策），最后告诉你明天的天气情况（执行行动）。

文心智能体平台提供了低门槛的智能体开发与发布流程，支持零代码开发，并可通过百度生态广泛分发。发布后，开发者需持续优化以提升用户体验和商业价值。下面通过案例说明具体的操作步骤。

步骤1 在计算机浏览器中搜索"百度文心智能体平台官网网址"，找到后将其打开，然后用百度账号和密码登录。如果没有账号和密码，可以通过发手机验证码等形式登录。进入主页后的显示如图7-11所示。

图7-11 文心智能体平台主页面

步骤2　单击"创建智能体"按钮，进入智能体设置页面，可以从界面右上角"智能体创建思路"列表中选择一种类型的智能体进行创建。通过单击"换一换"按钮，可以更换不同的创建思路。本例选择"旅行达人"的类型，在"智能体创建思路"列表中单击"旅行达人"，则相关信息会自动添加到"名称""设定"等文本框中，可以根据需要适当修改，如图7-12所示。

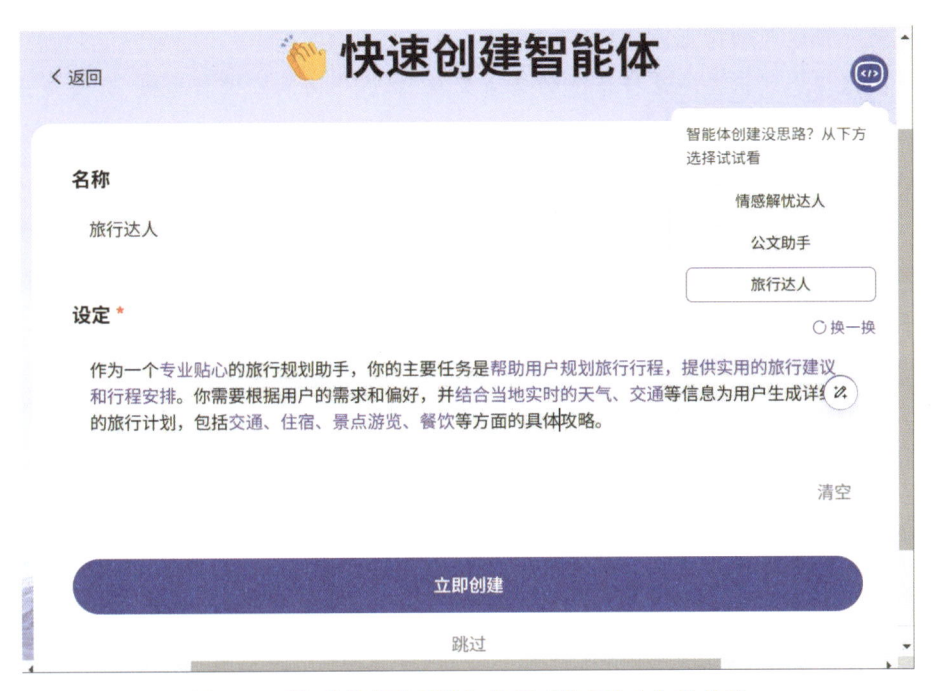

图7-12　"智能体创建思路"选择"旅行达人"的类型

步骤3　单击"立即创建"按钮，则进入信息设置界面，可以更换头像，修改"名称""简介""开场白"等信息，如图7-13所示。

图7-13　智能体信息设置界面

步骤4 修改完信息后,可以在右下角的提示词输入框中输入一个问题。比如输入如下提示词:"请给出一份去上海旅游的攻略,5天,酒店预算每天400元左右。"则智能体会给出如下详细解答。

(1) 上海5天旅游攻略。

您的上海5天旅游攻略如下。

第一天:抵达与初探上海。

交通:根据您的出发地选择合适的交通工具,抵达上海后可选择地铁、公交或出租车前往酒店。

住宿:推荐入住位于淮海路的金辰大酒店,每晚预算约400元,地理位置优越,房间设施齐全。

活动:抵达后先办理酒店入住,稍作休息。傍晚可步行至附近的南京路步行街,体验上海的繁华夜生活,品尝上海特色小吃。

餐饮:南京路美食街、云南南路美食街都有丰富的美食供您选择。

第二天:迪士尼乐园之旅。

……(略)

(2) 旅行建议如下。

证件与电器:请携带身份证、驾驶证等必要证件,以及充电宝、相机、自拍杆、手机充电器等电器设备。

防晒与衣物:请做好防晒措施,如戴太阳帽、墨镜、涂抹防晒霜等。同时根据天气准备两三套换洗衣物。

日用与药品:带上护肤品、毛巾、牙膏牙刷等日用必需品,以及遮阳伞、晕车药、口罩等备用物品。

(3) 预算说明如下。

住宿:每天预算400元左右,5天共计2000元。

餐饮:每天预算约150元,5天共计750元(根据个人口味和选择有所不同)。

交通:地铁、公交等公共交通费用较低,5天共计约200元(具体费用根据出行次数和距离有所不同)。

景点门票:迪士尼乐园门票较贵,建议提前在线购买以获取优惠价格;其他景点门票费用较低,5天共计约500元(具体费用根据景点选择和门票价格有所不同)。

总计预算约为3450元(不含往返上海的交通费),请根据实际情况和个人喜好进行调整。祝您在上海度过一个愉快的旅行时光!

步骤5 单击"发布"按钮,可以选择发布的方式和部署的平台,如图7-14所示。比如,选择"通过链接可访问",则会给出一个网页链接地址;选择"微信小程序"方式,则可以通过微信小程序发布,但是需要单击"点击授权"按钮申请授权。如果选择公开访问方式,则需要等待百度审核（通常 1～3 个工作日）。审核通过后，智能体即可对外提供服务。

图 7-14　选择智能体发布的方式和平台

如果选择"仅自己可访问"，则不需要审核就可以发布，发布后可以在平台主页左边选择"我的智能体"命令打开，如图 7-15 所示。其中，已上线的为"仅自己可访问"类型，草稿是选择公开访问方式并等待审核。

图 7-15　"我的智能体"显示界面

操作小贴士：在百度文心智能体平台主页中单击"我的知识库"命令，可以上传与自己创建的智能体相关的知识，从而使自己的智能体回答问题更加精确。

7.3.5　用Microsoft ClipChamp创建视频

Microsoft ClipChamp 是一款由微软推出的免费在线视频编辑工具，集成于 Windows 11 及 Microsoft 365 中。它提供友好的用户界面，支持多轨道编辑、滤镜、文本、转场及音频调整等基础功能，内置素材库。通过 AI 技术简化剪辑流程，适合快速制作社交媒体视频、演示内容等。免费版有水印，付费订阅可解锁高级功能并获得更多存储空间。

下面通过实例说明如何使用 Microsoft ClipChamp 创作视频。

步骤 1　在 Windows 11 中打开 Microsoft ClipChamp，其主界面如图 7-16 所示，其功能包括"新建视频""使用 AI 创建视频""录制自己（的素材）""文字转语音"等功能。另外"通过模板获得灵感"部分列出现有的模板，可以选择一种模板，通过修改文字或者其他素材快速创建视频。

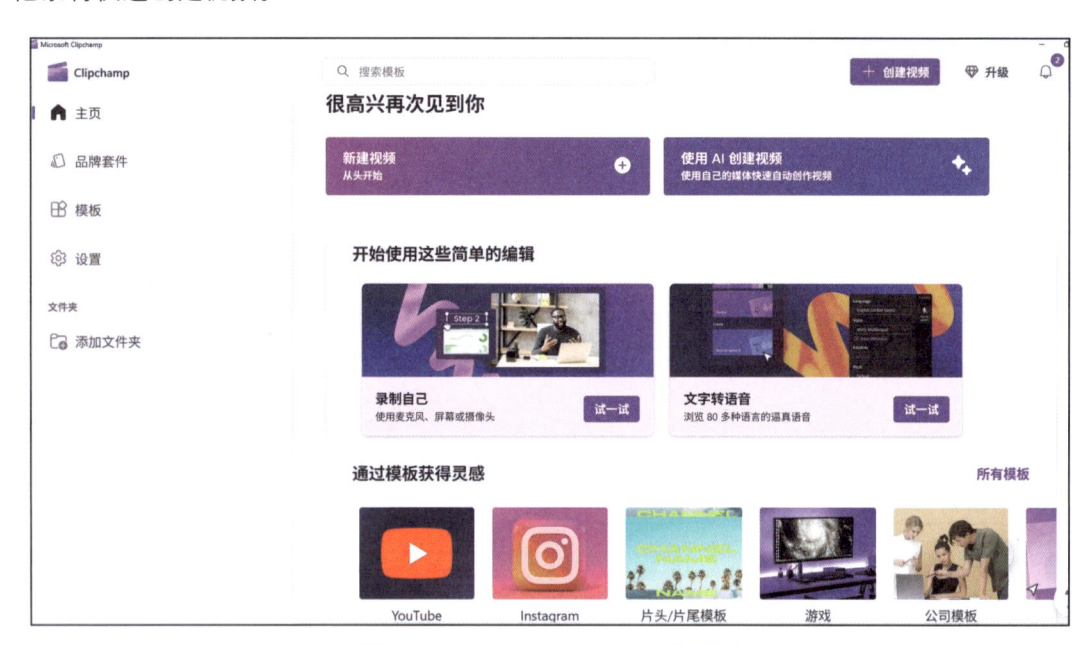

图 7-16　Microsoft ClipChamp 主界面

步骤 2　单击"新建视频"按钮，进入视频创作界面。在打开的窗口中单击"导入媒体"按钮 导入媒体 ，将蜡梅视频素材导入素材库中。然后将光标移动到新导入的素材图片上面，会显示"添加到时间线"按钮 ，单击该按钮，将视频添加到时间线面板（类似剪映中的轨道面板）。再单击一次"添加到时间线"按钮 ，在轨道线中添加 3 个视频。用右下角调整时间线大小等按钮 调整到两个视频的时间线都显示出来，如图 7-17 所示。

步骤 3　添加第一段字幕。将播放指针移动到最前面。在左边菜单栏中单击"文字"图标 ，从打开的文字样式列表中向下拖拉，找到 Caption 部分，光标移动到"卡拉 OK 歌名"图标上，单击"添加到时间线"按钮 ，将在时间线中添加一段文字时间线，同时在上面的播放窗口中也会添加一个文本编辑框。

图 7-17　导入视频并两次添加到时间线面板中

单击主界面右上角的"文字"图标，将"大雪纷飞，天地一片白茫茫"复制到文本框里面。然后拖动播放器文本框 4 个角上的白色圆圈，将文本框缩小（也可以使用界面右边的"大小"滑块调整大小）；再在"位置"选项中单击下边居中的方框使其变为紫色，表示文字在播放器中的位置。在时间面板中拖动播放指针，可以看一下效果。此时界面如图 7-18 所示。

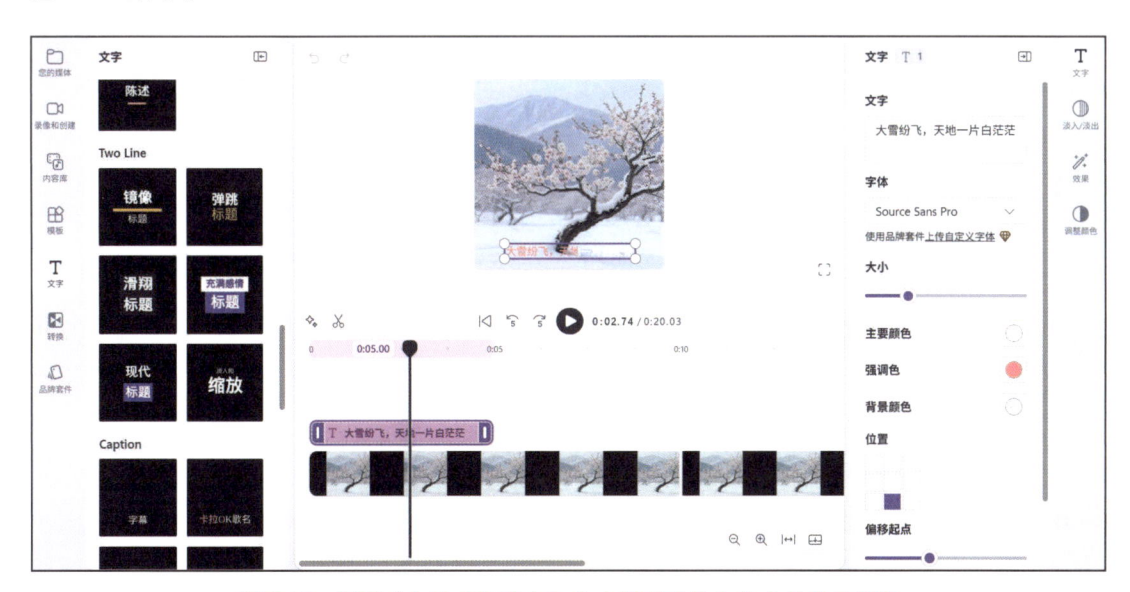

图 7-18　设置"卡拉 OK 歌名"文字样式后输入文字并进行调整

步骤 4　添加第一段配音。在主界面左侧菜单中单击"录像和语音"按钮，打开"录像和语音"窗格，拖动卷滚条滑块到最下面，单击"文字转语音"图标，则会在时间线面板中添加一个"新文字转语音"的时间线，再将其拖动到最前面，使其左边与视频时间线左边对齐。

再在主界面右边单击"文字转语音"图标,将"大雪纷飞,天地一片白茫茫"复制到最下面的文本框里,"语言"选择"中文(普通话,简体)","声音"选择 Ada Multilingual(单击"听此语音"按钮可以试听声音效果),单击"保存"按钮,这样语音就设置好了,此时整个界面的显示如图 7-19 所示。

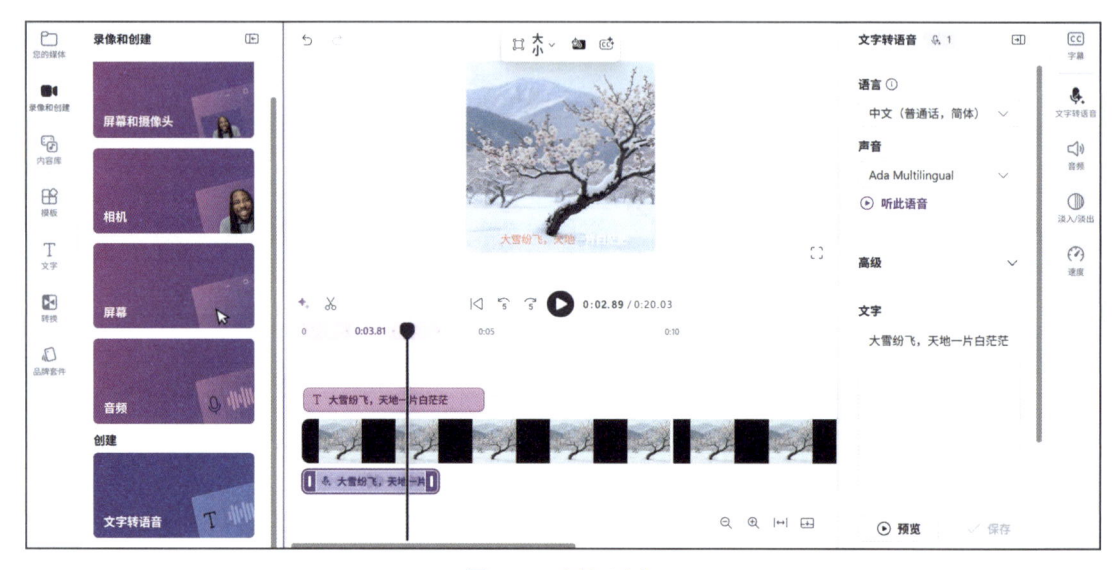

图 7-19　添加语音

步骤 5　将播放指针移动到第 1 段字幕时间线的最后,然后复制第 1 段字幕时间线并进行粘贴,使其与前面的字幕时间线接排;再在右上角文字编辑框中修改文字为"忽然,几枝红梅从雪里探出头来"。

将语音时间线复制并粘贴,前面与第 2 段字幕时间线对齐,并修改为与第 2 段字幕一样的文字,然后单击"保存"按钮。

这样两段字幕和语音就制作好了。

步骤 6　按照步骤 5 同样的方法,可以快速制作出剩余的内容。最后发现视频时间线比字幕时间线长了很多。将播放指针移动到字幕时间线最后,选中最后一段视频,单击时间线面板上面的"分割"按钮,分割视频时间线;然后选择后面的一段视频并按 Delete 键将其删除。

单击时间线面板中的"调整时间线"按钮,将所有时间线都显示出来,最后制作完成的编辑界面如图 7-20 所示。

步骤 7　最后添加音乐。将播放指针移动到时间线面板开始位置。在左边菜单栏中单击"内容库"图标,在打开的"内容库"窗格中单击"音频"选项卡,从下拉列表中选择"音乐",然后单击 ClipChamp selects 类别,从列表中选择 Open spirit,单击"添加到时间线"按钮,将音乐添加到时间线面板中。再将播放指针移动到视频时间线结束位置,选中音乐时间线,单击"分割"按钮,分割音乐时间线,再将多余部分删除。然后在右边将"音量"调整至 10%,此时界面显示如图 7-21 所示。

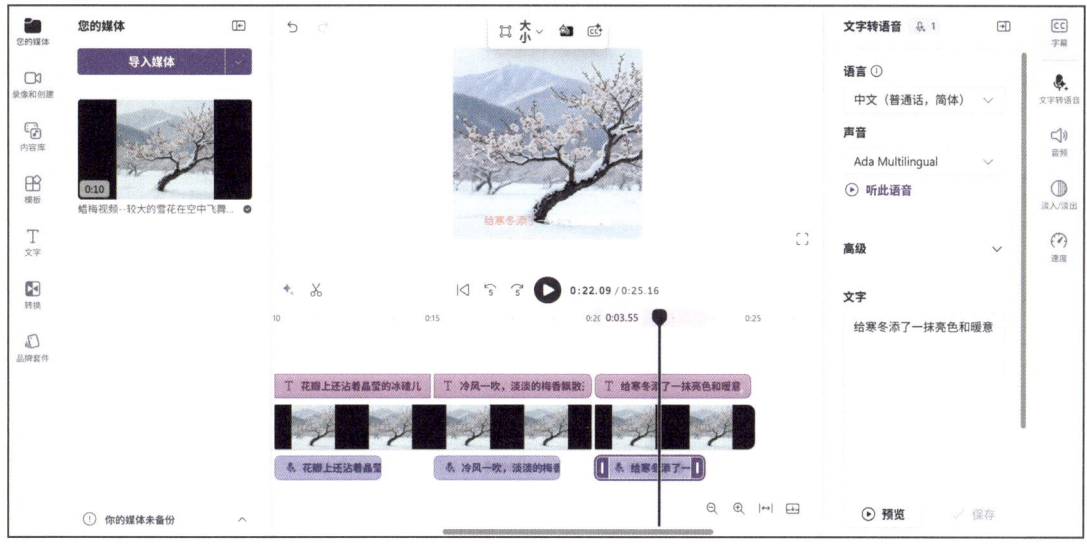

图 7-20 设置完的全部字幕和语音的编辑界面

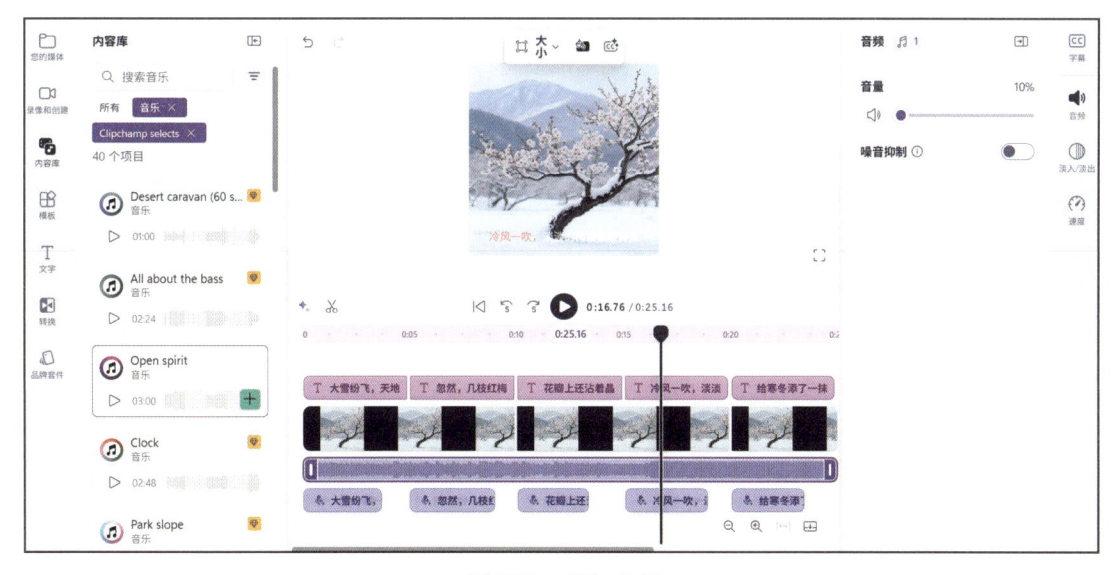

图 7-21 添加音乐

步骤 8　单击"导出"按钮右边的下拉箭头,从打开的列表框中选择"视频画质"为 1080P,如图 7-22 所示。然后单击"导出"按钮,就可以将视频导出并保存。

步骤 9　如果需要为视频设置一个名字,可以在打开页面左上角的文本编辑框中输入"雪中蜡梅"的名字,然后单击"保存到你的电脑"按钮,就可以将视频保存到指定目录下。

☙ **操作小贴士**:加完一段语音后,主界面右上角会显示"字幕"图标,单击可以将语音转为字幕加到视频画面上。

图 7-22 选择"视频画质"

7.3.6　用百度心响App协助创建绘本视频

百度心响 App 是一个功能强大的应用工具。您只要用平常说话的方式告诉它自己的需求，比如规划旅游行程、分析市场趋势、生成学习资料等，它就能把复杂的任务拆解成一个个小任务，然后调动不同的"小助手"（智能体）来一起工作，最后给您一个能直接用的结果，像做好的攻略、图表、报告等。它还能自动执行一些日常的定时任务，比如每天定时推送故事或股市行情信息。另外，您可以随时查看任务进行得怎么样了，就像有一个小机器人在帮您做事，一步一步都让您清楚明白。

操作小贴士：百度心响与 DeepSeek 有较大区别。百度心响是移动端超级智能体应用，以任务完成为核心，能全流程托管复杂任务，覆盖多场景，可自动拆解任务并调用工具，实现结果可视化（图文并茂）交付，还支持定时任务；DeepSeek 是智能助手，基于大语言模型，在文本生成、代码开发、数据分析等方面表现较好，侧重问题解答、文本生成，能处理多种数据类型，提供提示语优化等功能。

下面通过实例说明如何用百度的心响 App 协助创作绘本视频。

步骤 1　首先在移动端通过"应用市场"等功能搜索"心响"并安装该 App。

步骤 2　打开心响 App，在主界面列表中找到"AI 绘本"界面，如图 7-23 所示。可以点击"回放"按钮看一下效果。

步骤 3　点击"做同款"按钮，将原来的主题"不要在大树下躲雨"修改为"雷电天气不要外出"，如图 7-24 所示。

步骤 4　点击"创建"按钮，则心响自动开始创建绘本。然后在"选择您的偏好"列表中，"角色设定"选择"男孩"，"配音"选择"可爱男孩"，"语言"选择"中文"，"风格"选择"清新卡通"，如图 7-25 所示。

步骤 5　点击"创作我的绘本"按钮，则开始创建绘本。等待一会儿，即可生成绘本视频，其中 6 帧效果如图 7-26 所示。

7.3.7　用Canva可画创作海报

Canva 由澳大利亚悉尼一家公司创立，其中文版由该公司在中国的子公司负责运营。Canva 可画提供在线平面设计工具，涵盖海报、求职简历、PPT、Logo、社交媒体素材等模板。Canva 可画有网页版、计算机桌面客户端安装版和移动端 App 版。下面以制作优惠券案例进行说明。

步骤 1　在计算机浏览器中输入 Canva 可画的网址，会要求进行登录，用手机验证码或者微信扫码等形式登录后，就可以打开 Canva 可画主页，如图 7-27 所示。左边工具栏图标是相关功能菜单，可以单击左边的"关闭菜单"图标，将"创建设计"按钮所在的窗格关闭，右边上面的一排按钮则是设计中经常使用的。

第 7 章　创作与展示

图 7-23　找到"AI 绘本"界面　　图 7-24　主题修改为"雷电天气不要外出"　　图 7-25　在"选择您的偏好"列表中进行选项设置

图 7-26　生成绘本视频中的 6 帧效果

图 7-26（续）

图 7-27 Canva 可画主页

步骤2　在靠上一排按钮中单击"平面物料"按钮，打开创建设计界面，如图 7-28 所示。

图 7-28　创建设计界面

步骤3　在上面一排按钮中单击"优惠券"按钮，进入优惠券设计界面，从中选择一种优惠券，再单击"应用整套模板"按钮，则优惠券的正反面都添加到设计区，如图 7-29 所示。可以拖动下面的缩放滑块缩放设计区的内容。

图 7-29　单击"应用整套模板"按钮添加整套设计券

步骤 4　双击相关文字即可进行编辑。比如，将"可瓦"改为"远江"，将 29 改为 50，将所有"春节"改为"暑期"，将"1 月"修改为"7 月"，将"2 月"改为"8 月"，将"本店"改为"本影城"，再删除右边图标位置的标识，最终效果如图 7-30 所示。

图 7-30　修改后的代金券

步骤 5　单击右上角的"导出"按钮，在打开的界面中确定是否分享此设计，如果不分享，直接单击"下载"按钮，如图 7-31（a）所示。接着会打开"下载"设置界面，可以设置文件类型和尺寸等信息，如图 7-31（b）所示。最后单击"下载"按钮，则会以压缩包的形式保存到计算机中。

（a）确定是否分享此设计　　　　　　（b）设置文件类型和尺寸等信息

图7-31　下载文件时进行设置

7.3.8　用Get笔记和腾讯云IM创建知识库

将平时感兴趣的公众号信息、网页信息及自己积累的素材或者所思所想快速备份或者记录到个人知识库中，对于以后的学习或者工作都会带来很大方便。团队成员之间也可以共享知识库信息，可以大大提升工作效率。

使用Get笔记搭建个人知识库，具备灵活便捷的优势。它支持富文本、图片、链接等多样化内容记录，通过标签、文件夹等分类方式，可快速梳理知识体系，强大的搜索功能实现秒级定位。同时，多端实时同步让知识变为随身出现，还能进行知识分享与协作，满足个人学习和团队交流需求。

而腾讯云IM则凭借强大的技术能力脱颖而出，它能整合文本、音视频等多种类型数据，利用AI技术自动分析、提炼、构建知识图谱，实现智能关联与推荐。同时，其高安全性与稳定性可以保障数据安全，支持高并发访问，适用于知识量庞大、对性能要求高的场景，可以有效提升知识管理的效率与深度。

下面分别通过移动端应用介绍这两种工具的用法。

1. 使用Get笔记搭建个人知识库

具体安装及使用步骤如下。

步骤1　在移动端安装Get笔记的App程序。

步骤2　当在微信公众号中看到感兴趣的文章时，可以点击文章右上角3个点的按钮，在打开的界面中滑动底部的一排按钮，找到"复制链接"按钮并点击，如图7-32所示，则该文章的链接就复制到了剪贴板上。

步骤3　打开Get笔记的App程序，然后点击"更多"按钮＋ 更多，打开如图7-33所示界面，点击"粘贴链接"按钮，则会将微信公众号所选文章的链接粘贴到"生成一条链接笔记"界面的文本框中，如图7-34所示。

步骤 4　点击"确定"按钮,则关闭"生成一条链接笔记"界面。接着 Get 笔记开始对链接的内容进行读取和分析,如图 7-35 所示。过一会儿,会提取出链接文章的核心内容并形成笔记,同时保留了原来文章的链接,然后将其一起保存到自己的知识库中,以后可以随时阅读笔记并查阅该文章,如图 7-36 所示。

图 7-32　复制链接

图 7-33　点击"粘贴链接"按钮

图 7-34　粘贴链接

图 7-35　对链接的内容进行读取和分析

图 7-36　形成自己的笔记

🐚 **操作小贴士**：上传一幅图片到 Get 笔记中，它会自动分析图片并形成笔记，实现图片搭配文字解析说明的效果。

2. 使用腾讯云IM搭建个人知识库

腾讯云 IM 的通用名称是"ima 知识库"，是一个小程序。使用该小程序建立知识库的方法非常简单。下面通过案例说明将文章保存到 ima 知识库的操作步骤。

步骤 1　进入微信界面并用手下拉，打开小程序界面，点击顶部的"搜索"按钮，在搜索框中输入 ima，即可搜索出"ima 知识库"，如图 7-37 所示。

步骤 2　点击"ima 知识库"小程序图标，就会将其打开。然后在其右上角点击 3 个点（中间是一个大点）的按钮，则弹出选择菜单，如图 7-38 所示。点击"添加到桌面"按钮，则该小程序的快捷方式将添加到手机桌面中。

步骤 3　在微信公众号中选中一篇想保存的文章并将其打开，然后在文章右上角点击 3 个点的按钮，在打开界面中将上面一排按钮向左滑动，最终显示出如图 7-39 所示界面。

图 7-37　搜索出"ima 知识库"

图 7-38　点击"添加到桌面"按钮

图 7-39　找到"用小程序工具打开"按钮

步骤4　点击"用小程序工具打开"按钮，打开如图7-40所示小程序选择界面，选择"ima知识库"，则选择的公众号文章将加到"ima知识库"小程序的"个人知识库"中，如图7-41所示，以后可以随时阅读。

操作小贴士：在"ima知识库"小程序主界面底部选择ima，"ima知识库"小程序就可以实现与腾讯元宝一样的功能，可以选择Hunyuan（混元）或者DeepSeek相关大模型进行访问，如图7-42所示。当访问到的感兴趣内容时，可以点击右上角3个点的按钮，会弹出"个人知识库"的命令，如图7-43所示，点击该命令即可将选择的内容保存到个人知识库中。

图7-40　选择"ima知识库"　　图7-41　建立个人知识库　　图7-42　选择一种模型访问　　图7-43　保存访问的内容到个人知识库

第 8 章　健康管理与智能旅行

本章聚焦 AI 技术在健康管理和智能旅行中的应用。健康管理部分，使用 DeepSeek 等 AI 工具通过分析用户数据，提供个性化饮食计划与运动方案，帮助用户科学管理健康；智能旅行部分，使用 DeepSeek 等 AI 工具实现行程一键生成，结合预算与景点匹配，同时提供多语言支持与智能翻译，解决跨文化沟通问题，提升旅行体验。AI 技术的深度整合使生活更便捷、高效。

8.1　健　康　管　理

健康管理通过 DeepSeek 等 AI 技术，结合用户的身体数据、饮食习惯及健康目标，生成个性化营养分析与菜谱推荐，同时根据体能状况订制运动打卡提醒，帮助用户科学管理健康，实现高效目标的达成。

8.1.1　饮食计划订制

饮食计划订制依托 AI 技术（如 DeepSeek），通过分析用户饮食偏好、体质数据及营养需求，智能生成个性化健康食谱，兼顾科学配比与便捷执行，助力用户实现精准营养管理。

【案例 8-1】　现代人面临饮食失衡与个性化营养需求激增，传统方式耗时低效。小孔由于不太喜欢运动，并且饮食习惯也不太好，体重有点超标，希望借助 AI 并通过分析体质、目标及饮食习惯，快速生成精准食谱，满足健康管理、慢性病防控等多元需求，显著提升饮食科学性与执行效率。

DeepSeek 提示词如下。

小孔 25 岁，由于喜欢吃高热量食物还不太爱运动，身高 175 厘米，体重 90 千克，有点超重。他现在开始注重自己的形象，希望通过 AI 帮助他进行健康管理，能够提供营养分析与一周的菜谱推荐。但是他对 AI 工具并不太熟悉,请你帮他解决以上问题。尽量给出比较详细的分析报告和营养搭配合理的菜谱,同时进行描述时要浅显易懂。

在 DeepSeek 对话框中输入上面的提示词后,打开 深度思考(R1) 功能,然后单击"发送"按钮,就可以给出整个解答思路和分析步骤。

DeepSeek 深度思考内容如下。

好的,用户小孔的情况需要仔细分析。首先,他 25 岁,身高 175 厘米,体重 90 千克,BMI 是 29.4,确实属于超重范围。他喜欢吃高热量食物,不爱运动,现在想通过 AI 改善健康管理,特别是饮食方面。用户对 AI 工具不熟悉,所以需要简单易懂的指导和解决方案。

首先,我需要确定他的基础代谢率和每日热量需求。根据他的体重和活动量,计算出每日所需热量为 2000～2200 大卡,建议创造 500 大卡的热量缺口,这样每周可以减重约 0.5 千克。考虑到他喜欢高热量食物,可能需要逐步调整饮食结构,而不是突然严格限制,以免难以坚持。

接下来是营养分配。蛋白质、碳水化合物和脂肪的比例需要合理分配,确保减脂的同时保持肌肉量。蛋白质应占总热量的 30%,碳水占 50%,脂肪占 20%,这样既能提供足够的能量,又能增加饱腹感,减少饥饿感。

然后是具体的饮食建议。早餐要营养均衡,避免高糖、高油的食物,比如推荐全麦面包、鸡蛋、牛奶和水果。午餐和晚餐需要控制主食量,增加蔬菜和优质蛋白质,比如鸡胸肉、鱼类和豆制品。零食部分选择低热量、高纤维的,如坚果和酸奶,避免吃薯片和甜点。

在菜谱推荐上,需要多样化,避免单调,这样小孔更容易坚持。例如,一周的菜谱每天不同,包括不同的蛋白质来源和蔬菜搭配,同时兼顾他的口味偏好,逐步减少高热量食物的摄入。

另外,考虑到他对 AI 工具不熟悉,操作步骤需要简单明了。比如使用 DeepSeek 工具,只需输入基本信息,AI 就能自动生成报告和菜谱。可能需要指导他如何输入数据,如何解读报告中的建议,以及如何根据菜谱调整饮食。

同时,提醒他配合适量运动,比如每天散步或做一些基础锻炼,帮助提高代谢率。但考虑到他不爱运动,初期可能从少量活动开始,以后逐步增加。

最后,注意事项部分要强调循序渐进,避免快速节食导致的体重反弹。多喝水,保证睡眠,定期监测体重变化。这些都是帮助他长期坚持的重要因素。

DeepSeek 解答如下。

以下是为小孔量身定制的健康管理方案,结合科学营养分析与 AI 工具(如 DeepSeek)实现,内容通俗易懂,可直接操作。

1. 小孔健康分析报告

1)基础数据

➢ 身高 175 厘米,体重 90 千克 → BMI=29.4(超重)。

> 日常习惯：高热量饮食＋低运动 → 易囤积脂肪，代谢风险较高。

2）目标设定

> 健康减重：建议每周减 0.5～1 千克（安全范围）。
> 每日热量缺口：约 500 大卡（通过饮食调整为主，运动为辅）。

3）营养需求

> 总热量：2000～2200 大卡／天（原摄入约 2800+ 大卡）。
> 三大营养素比例：蛋白质占 30%（150 克）、碳水占 50%（250 克）、脂肪占 20%（45 克）。

2．AI 定制一周菜谱（示例）

> 原则：低糖、低油、高纤维、饱腹感强、操作简单。
> 工具：AI 自动匹配替代食材（如用豆腐代替炸鸡）。

AI 定制一周菜谱的部分示例见表 8-1。

表 8-1　AI 定制一周菜谱（部分示例）

日期	早餐（400 大卡）	午餐（600 大卡）	晚餐（500 大卡）	加餐（200 大卡）
周一	全麦面包 2 片＋鸡蛋 2 个＋牛奶 200 毫升＋苹果 1 个	糙米饭 1 碗＋清蒸鱼 150 克＋西兰花炒胡萝卜	鸡胸肉沙拉（生菜／番茄／玉米粒）	无糖酸奶 100 克＋核桃 5 颗
周二	燕麦粥＋水煮虾 6 只＋香蕉 1 根	荞麦面＋番茄牛肉片＋凉拌菠菜	豆腐海带汤＋蒸南瓜 200 克	黄瓜 1 根＋低脂奶酪 1 块

提示：完整 7 天菜单可通过 AI 工具继续生成，含详细克数和做法。

3．AI 工具使用指南

操作步骤：①打开 DeepSeek-R1 健康助手 → 输入年龄、身高、体重、饮食偏好（如"爱吃肉但想少油"）。②选择目标（减重）→ AI 自动生成报告＋菜谱（可细化到每餐调料的克数）。

🔖 **操作小贴士**：DeepSeek 解答中提到的 AI 工具使用指南的两个操作步骤，目前只是示例的虚拟功能名称（用于说明 AI 健康管理的可能性）。当前 DeepSeek 对话界面的官方版本暂未上线独立饮食规划插件。

以后与 DeepSeek 对话时遇到无法找到的一些功能，可能是 DeepSeek 未提供的虚拟功能。

以上菜谱的操作可以通过以下两种方式实现相同需求。

方法 1：直接向 DeepSeek 提问生成食谱。

操作步骤：输入提示词，告诉 DeepSeek 自己的的具体需求（例如，复制以下提示词）。

"请根据我的情况生成 7 天减重食谱：年龄 25 岁／男／175 厘米／90 千克，目标是健康减脂，偏好是爱吃肉、少油、操作简单、无忌口。"

立即生成 DeepSeek 定制的完整菜谱（含克数和做法），例如，周三午餐如下。

> 黑椒牛肉意面（牛肉 120 克＋全麦意面 60 克＋彩椒 50 克）。

- 做法：牛肉用黑胡椒腌制后炒熟，意大利面煮 10 分钟再混合翻炒。
- 热量：580 大卡。

方法 2：使用第三方 AI 健康工具（免费推荐）。

若需要可视化交互，可尝试以下工具（手机即可操作）。
- MyFitnessPal：输入身体数据后自动生成饮食建议。
- 薄荷健康 App：搜索"减脂食谱"即可获取定制方案。
- ChatGPT/Claude：输入与 DeepSeek 类似提示词生成菜谱。

4．小贴士
- 循序渐进：第一周先减少奶茶/油炸食品频率（如每周 3 次→1 次），避免戒断反应。
- 替代方案：用空气炸锅做"无油鸡翅"、魔芋面代替泡面。
- 配合运动：每天快走 30 分钟（无须剧烈运动）可多消耗 200 大卡。

8.1.2　运动打卡提醒

运动打卡提醒功能通过 AI 分析用户体质、目标与日程，生成个性化方案（如 30 天减脂计划），智能推送提醒并动态调整强度。配合运动数据追踪，AI 实时反馈消耗热量与动作建议，帮助用户保持自律，提升锻炼效率。

【案例 8-2】　小孔一直想通过运动和饮食控制变瘦，但是他平时多少有点惰性，缺乏自律性，尤其是周末时就想多睡会懒觉，不能保持良好的运动习惯。有时工作繁忙，他也常会忘记锻炼，因此需要通过 AI 定制个性化方案并推送实时提醒，帮助他拟定科学的训练计划并提升执行力，从而有效提高健康管理的效率。

DeepSeek 提示词如下。

小孔 25 岁，身高 175 厘米，体重 90 千克，平时偶尔需要加班，同时有一定的惰性，拟定的锻炼计划无法很好地执行。请你帮他生成一份个性化锻炼方案，及时进行运动打卡提醒。

DeepSeek 解答如下。

以下是专为小孔设计的 AI 运动监督方案，兼顾灵活性、趣味性和渐进性，帮助他克服惰性并适应运动节奏。

1．个性化运动方案
- 阶段目标：首月培养习惯，每周运动 3 次（每次 20～30 分钟）。
- AI 智能调节：包括以下两个方面。
    ◇ 弹性时间：若正常下班 → 晚间 19：30 推送提醒（附 10 分钟热身视频链接）；若加班 → 自动切换"办公室微运动"（如靠墙深蹲 3 组，耗时 5 分钟）。
    ◇ 游戏化激励：完成打卡积累"健康币"，可兑换奖励（如本周达标，可吃 1 次牛肉火锅）。

2．运动打卡提醒设置
- 智能推送：每日预设运动前 1 小时发送激励语（例如："今天快走就能消耗 1 杯奶

茶的热量哦！"）结束后自动生成海报（显示消耗 200 大卡 ≈ 1 碗米饭）。
- ➢ 惰性破解：若连续 2 天未打卡 → AI 触发语音电话（"小孔，今晚只需运动 5 分钟就能保持连胜纪录啦！"）。

3．适应性运动菜单

适应性运动菜单见表 8-2。

表 8-2 适应性运动菜单

场 景	推 荐 运 动	耗时 / 分钟	消耗热量 / 大卡
居家懒人模式	沙发抬腿运动（看剧时完成）	15	80
加班间隙	楼梯爬 3 层往返	5	50
周末早晨	公园快走 +1 组拉伸	30	150

4．进度追踪

- ➢ 每周日 AI 生成报告（示例）："本周运动达标 2/3 天，总消耗 800 大卡。建议下周尝试把快走升级为 1 分钟交替慢跑与快走！"
- ➢ 紧急跳过机制：输入"今天太累"→ AI 调整次日计划为"拉伸放松 5 分钟"。

5．执行工具

只需在手机备忘录中记录"运动类型 + 时长"并且每周日发给 DeepSeek，即可自动分析。

现在就开始您的第一场 5 分钟微运动吧！

8.2 智能旅行规划

智能旅行规划通过 AI 工具（如 DeepSeek）实现高效行程定制与跨语言支持。用户输入预算、偏好后，AI 一键生成个性化路线，自动匹配景点与交通方案；结合实时语音翻译功能，解决多语言沟通障碍，实现从行程规划到跨国交流的无缝衔接，让旅行更智能、更便捷。

8.2.1 行程一键生成

AI 旅行规划工具能根据预算、兴趣自动生成个性化行程，智能推荐高性价比景点、交通与住宿组合。通过分析用户偏好与实时数据，动态优化路线安排，避开拥挤时段，确保旅行体验流畅高效，让行程规划省时省力。

【案例 8-3】　小武每次旅行前都要花大量时间查攻略，比价格，排路线，既麻烦又低效。他希望了解如何用 AI 简化旅行规划——只需输入预算和兴趣，AI 就能自动生成个性化行程，智能匹配景点、交通和住宿，还能根据实时数据避开人流高峰，让旅行安排变得轻松又高效，彻底告别烦琐的准备工作。

DeepSeek 提示词如下。

小武是一名大学生,今年暑假准备去云南旅游一周,但是他不会使用 AI 工具。请你帮助他安排一下详细的行程,并尽量为他节省经费,最好能够去云南的代表性景点或者城市,同时用比较少的预算。

DeepSeek 解答如下。

以下是专为小武设计的云南 7 天经济型旅行方案,预算控制在 1500 ~ 2000 元(不含往返大交通),覆盖昆明、大理、丽江三大经典城市,兼顾自然风光与人文体验。

1. 行程概览

- 路线:昆明→大理→丽江(经典滇西北线)。
- 天数:7 天 6 晚。
- 预算:具体如下。
  - 住宿:青旅 / 民宿约 50 ~ 80 元 / 晚 ×6 晚 =300 ~ 480 元。
  - 交通:火车 / 大巴约 300 元(昆明—大理—丽江往返)。
  - 餐饮:日均 60 元 ×7 天 = 420 元。
  - 门票:学生证半价约 400 元(石林 + 洱海骑行 + 玉龙雪山进山费)。
  - 其他:200 元备用。
  - 总计:约 1500 ~ 1800 元。

2. 每日详细行程

- 第 1 天:昆明(预算 200 元)
  - 上午:抵达昆明,乘地铁至市区,入住翠湖附近青旅(50 元)。
  - 下午:免费游览翠湖公园、云南大学(复古建筑拍照),步行至文林街逛文艺小店。
  - 晚上:吃小锅米线(10 元),逛南屏街夜市(推荐烤豆腐,5 元 / 份)。
  - 交通:全程步行,0 花费。
- 第 2 天:昆明→大理(预算 250 元)
  - 上午:乘早班高铁(145 元,2 小时)至大理,入住古城南门青旅(60 元)。
  - 下午:步行游览大理古城(免费),登五华楼俯瞰大理古城全景。
  - 傍晚:租自行车(20 元 / 天)沿洱海生态廊道骑行至才村码头(免费观日落)。
  - 餐饮:古城内吃饵丝或凉拌鸡米线(15 元)。
- 第 3 天:大理(预算 150 元)
  - 上午:乘公交(8 元)至喜洲古镇(免费),打卡稻田和严家大院(门票 20 元学生半价)。
  - 下午:搭村民三轮车(10 元)到海舌公园(免费),欣赏洱海原生态风光。
  - 晚上:返回古城,拼车(人均 15 元)至大理站,乘夜班火车硬座(34 元)赴丽江。
- 第 4 天:丽江(第 4 天和第 5 天预算 500 元)
  - 清晨抵达丽江,入住束河古镇青旅(50 元,比大研古城便宜)。

- 步行游览束河（免费），午后乘公交（3 元）至白沙古镇（免费），远眺玉龙雪山。
- 省钱技巧：避开玉龙雪山景区（门票贵），选择免费观景点如清溪水库。
➢ 第 5 天：丽江
- 拼车（人均 30 元）至玉湖村（免费），徒步至龙女湖（雪山倒影绝佳拍摄点）。
- 傍晚返回丽江古城，登狮子山（免费）看夜景。
➢ 第 6 天：(第 6 天和第 7 天返程预算 200 元)乘大巴(80 元)返昆明，途中经停楚雄(免费逛彝人古镇)。
➢ 第 7 天：昆明篆新农贸市场（10 元吃"豆花米线 + 木瓜水"），下午返程。

3．极致省钱技巧

➢ 交通：昆明—大理—丽江全选火车硬座 / 夜班车，节省住宿费；丽江周边景点用公交 + 拼车（比包车省 70%）。
➢ 门票：持学生证所有景点半价（石林 65 元 → 32.5 元，玉龙雪山进山费 100 元 → 50 元）。替代方案为洱海不坐游船而改骑行，雪山远观不登顶。
➢ 餐饮：以小吃为主，比如大理烤乳扇（5 元）、丽江粑粑（8 元）、昆明小锅米线（10 元）。青旅拼餐，人均 20 元吃野生菌火锅。

4．注意事项

➢ 住宿：提前一周订青旅（携程 / 美团比 Walk-in 便宜）。
➢ 高原反应：丽江海拔 2400 米，避免剧烈运动，备巧克力补充能量。
➢ 天气：7 月雨季带伞，防晒霜必涂（紫外线强）。

8.2.2 多语言支持与智能翻译

实时 AI 翻译技术打破语言壁垒，支持 100+ 语种双向互译，覆盖语音、文字及图像翻译场景。智能识别方言与专业术语，提供文化禁忌提醒，让用户在问路、点餐、购物等跨国场景中实现零障碍沟通，真正实现说走就走的全球旅行体验。

【案例 8-4】 小武计划明后年赴欧洲和非洲的多国旅行，但面临语言障碍，他不懂当地语言且不熟悉如何使用 AI 翻译工具。该如何帮他解决这个问题？

DeepSeek 提示词如下。

小武计划明后年赴欧洲和非洲的多国旅行，听说现在在使用 AI 工具可以帮他打破语言壁垒，能够与当地人进行自由交流。请你给他一个完整详细的解决方案。他对 AI 工具不熟悉，所以如果需要相关工具，请尽量推荐操作简单且国产免费的。

DeepSeek 解答如下。

以下是专为小武设计的欧洲和非洲的多国旅行 AI 翻译解决方案，覆盖行前准备、实时交流、应急场景，全部采用国产免费工具，操作简单易上手。

1. 核心工具推荐

1）腾讯翻译君（免费）

支持 50+ 语种互译，含英语、法语、阿拉伯语等欧非常用语言。

- 特色功能：实时语音对话翻译（对准手机说话即可自动翻译并播放）；拍照翻译（菜单、路牌等即拍即译）；离线包下载（无网络时仍可使用）。
- 操作指南：应用商店下载→选择语言→单击话筒说话→自动播放翻译结果。

2）百度翻译 App（免费）

覆盖 200+ 语种，支持非洲斯瓦希里语等小语种。

- 特色功能：AR 翻译（摄像头对准文字实时覆盖翻译）；会话模式（中英等常用语种双向自动识别）。
- 技巧：提前在"我的"→"离线翻译"中下载所需语言包。

3）讯飞听见同传（免费基础版）

适合会议、导游讲解等长对话场景。优势：高精度中英实时转写 + 翻译；支持保存翻译记录（方便回顾）。

2. 分场景使用方案

1）行前准备

- 学习基础短语：用 DeepL 网页版（免费）翻译常用句子（如"请问洗手间在哪里？"），保存至手机备忘录。
- 电子证件翻译：用扫描全能王 App（免费）拍摄护照 / 签证页，自动识别并翻译关键信息。

📞 **操作小贴士**：DeepL 是一款来自德国的高精度 AI 翻译工具（非国产），以翻译质量接近人工而闻名。

2）旅行途中

旅行途中可能遇到的场景及需要的工具和操作见表 8-3。

表 8-3　旅行途中可能遇到的场景及需要的工具和操作

场　　景	工具 + 操作
点餐	打开腾讯翻译君→"拍照翻译"对准菜单→自动显示中文
问路	讯飞听见同传→长按"说话"按钮→说完后自动播放当地语言译文
紧急求助	百度翻译→"应急短语"模块→单击"我需要医生"等句子自动播放
酒店沟通	提前在腾讯翻译君中输入"请提供毛巾"等需求→单击"发音"并让前台听

3）文化避坑

用微信小程序"译学馆"（免费）查询各国禁忌（如北非部分国家忌用左手递物）；百度翻译的"文化百科"功能提供本地习俗提示。

3. 注意事项

- 网络备份：购买境外流量包（推荐中国移动"无忧行"App，覆盖欧洲、非洲的多国）；随身携带纸质版关键信息（如酒店地址的当地语言写法）。
- 设备准备：带充电宝（翻译工具持续使用耗电快）；备用老年机（防备智能手机丢失时应急）。

4. 进阶技巧

- 语音快捷指令：华为/小米手机可设置如"小艺/小爱同学，打开法语翻译"的快速翻译启动。
- 错误修正：若翻译不准，用"简单词汇+手势"辅助（如问"Hospital？"时，用手指向远方）。

8.3 兴趣拓展：剪映蒙版的实际应用

剪映中的蒙版功能是一种用于控制画面显示范围的工具，原理类似"镂空模板"，通过它可以选择性地显示或隐藏画面的某一部分，从而实现各种创意效果。在剪映中，蒙版可以实现分屏效果、局部调色、创意转场、物体抠图合成等功能。

8.3.1 蒙版的概念及常用功能

1. 快速认识蒙版

剪映中的蒙版是一种视频编辑工具，它就像一块"魔法窗户纸"——可以用它决定视频画面的哪些部分被显示（透过窗户看到），哪些部分被隐藏（被纸挡住）。本质上，蒙版通过形状、位置和动态调整（如关键帧动画），帮创作者实现分屏、聚焦、转场等创意效果。

比如，线性蒙版像用尺子划一条分界线，上面显示A视频，下面显示B视频，如图8-1(a)所示；圆形蒙版像拿个圆规画好圆后再在画面上抠个洞，只露出洞里的内容，适合突出人物或物体，如图8-1(b)所示；心形蒙版像用了心形的饼干模具，视频只会从心形镂空处透出来，适合浪漫场景，如图8-1(c)所示。图8-1中，图(a)~(c)羽化后的效果对应图(d)~(f)，可见羽化后会使两层图片的融合效果更加自然。

(a) 线性蒙版（无羽化）　　(b) 圆形蒙版（无羽化）　　(c) 心形蒙版（无羽化）

图8-1　3种蒙版应用羽化前后的效果对比

(d) 线性蒙版（羽化值为30）　　(e) 圆形蒙版（羽化值为15）　　(f) 心形蒙版（羽化值为30）

图 8-1（续）

可以用以下更形象的比喻来说明蒙版。

（1）剪纸窗花：蒙版类似剪纸窗花，就是剪出不同形状（星星、圆形等）贴在视频上，只有镂空部分能显示画面。

（2）探照灯：蒙版像黑暗中的光束，光束照到的地方才亮（显示），其他区域保持黑暗（隐藏）。

2．蒙版常用功能

- 选择性显示：通过形状或画笔定义可见区域。
- 动态跟踪：结合关键帧实现蒙版跟随移动。
- 边缘羽化：调整羽化值使边缘过渡更加自然（建议羽化值为 10～30）。

8.3.2　蒙版通用操作流程

1．移动端剪映App中的蒙版通用操作流程

（1）添加蒙版：选中画中画视频→在界面底部单击"蒙版"按钮→选择蒙版类型。

（2）调整蒙版：单指拖动位置，双指可以缩放/旋转画面。还可以调节羽化值、透明度、圆角效果等。

（3）设置关键帧动画：在视频轨道中进行时间轴定位→添加关键帧→修改蒙版参数。

2．计算机端剪映软件中的蒙版通用操作流程

（1）添加蒙版：选中要设置"蒙版"的视频（非主轨视频）→在主界面右边选择"画面"类别→选择"蒙版"选项卡→单击"添加蒙版"按钮 ＋ 添加蒙版 →选择蒙版类型。

（2）调整蒙版：拖动鼠标改变位置，或进行缩放/旋转/羽化/圆角化等操作。

（3）设置关键帧动画：在视频轨道中进行时间轴定位→添加关键帧→修改蒙版参数。

🐾 **操作小贴士**：

（1）蒙版可叠加使用（如圆形＋线性），配合滤镜及特效应用的效果更佳。

（2）蒙版通常需要结合"画中画"（移动端）或非主轨视频（计算机端）和关键帧一起使用。

（3）本章下面对蒙版的介绍及实例均以移动端剪映App为例进行说明。

8.3.3 剪映中常用的蒙版类型及应用情形

下面分别介绍剪映App中常用的蒙版类型，并通过具体的应用情形进行说明。

1．线性蒙版

1）线性蒙版的特点

线性蒙版可以将画面分成两部分或者多部分，可以调整分界线的角度和位置。线性蒙版常用来制作分屏效果或实现渐变过渡。

2）线性蒙版的应用情形

（1）分屏效果：用线性蒙版可以制作上下分屏效果，上半部分是风景视频，下半部分是人物视频。操作时，先导入风景视频，单击"画中画"按钮，新增画中画，再导入人物视频。选中人物视频轨道，单击"蒙版"按钮，选择线性蒙版，将分界线调整为水平方向，置于画面中间位置。通过拖动操作上下移动蒙版线来调整上下画面的显示比例。再设置合适的羽化值让过渡更自然。

（2）渐变过渡：使白天场景渐变为夜晚场景。操作时，导入白天场景视频，复制一层放在上方。选中上层视频，单击"蒙版"按钮，选择线性蒙版，将蒙版线调整为从左到右或从右到左的方向，根据需要设置羽化值。在时间轴上找到白天场景结束和夜晚场景开始的位置，分别在这两个位置设置关键帧，然后在夜晚场景关键帧处将蒙版线逐渐移动到完全覆盖白天场景的位置，让画面从白天平滑过渡到夜晚。

（3）斜向擦除效果：先导入视频，在时间轴上找到要添加效果的位置，单击"蒙版"按钮，选择线性蒙版。将蒙版线旋转45°，在起始位置设置关键帧。然后每隔0.3s移动蒙版线直到右下角。同时适当调整羽化值，使擦除效果更自然。

2．镜面蒙版

1）镜面蒙版的特点

镜面蒙版能够基于画面创建出具有镜面反射效果的区域。通过对镜面蒙版参数的调整，如反射方向、反射强度、蒙版的形状与大小等，可模拟真实的镜面反射场景，常用于打造创意视觉效果，营造对称美感或增强画面元素间的互动性，为视频增添独特的艺术魅力。

2）镜面蒙版的应用情形

（1）制作水中倒影效果：导入一段包含景物（如风景、建筑等）的视频素材，将其拖入主轨道。长按主轨道上的视频素材并单击"复制"按钮，然后把复制后的视频拖到画中画轨道。

选中画中画轨道上的视频，单击"蒙版"按钮，选择镜面蒙版。调整镜面蒙版的方向，使其符合水面倒影方向（通常是垂直翻转）；拖动滑块调节反射强度，模拟真实水面的反射程度；根据景物与水面的实际情况，调整蒙版的大小和位置，让倒影区域与原景物相匹配，例如调整蒙版高度，使其对应水面位置；适当增加羽化值，让倒影边缘过渡更自然。

（2）打造对称创意画面：导入一张主体突出的图片或一段视频素材到主轨道。新增画中画，再次导入相同素材。选中画中画轨道的素材，选择镜面蒙版。根据想要的对称效果调整镜面蒙版方向（水平或垂直），让画面沿对称轴分成对称的两部分；仔细调整蒙版的大小和位置，使两部分画面紧密贴合，没有缝隙；调整反射强度，设置较强反射，营造类似镜子对称的效果；为增强对称美感，微调画中画素材的位置和缩放比例，确保与主轨道素材完全对称。

（3）制作虚拟空间穿梭效果：将一段具有空间感的视频（如走廊、隧道等）导入主轨道。新增画中画，导入一段不同的空间视频（如奇幻星空视频）。选中画中画轨道的视频，选择镜面蒙版。调整镜面蒙版的方向、大小和位置，使其看起来像通往虚拟空间的入口，例如，将蒙版调整为圆形，放在走廊尽头；设置反射强度，营造神秘的空间穿越氛围；为增强穿梭效果，给画中画轨道的视频添加"入场动画"（如缩放、旋转等），并结合蒙版变化，让虚拟空间的出现更具动感；适当调整画中画视频的不透明度，使两个空间过渡更自然。

3．圆形蒙版

1）圆形蒙版的特点

圆形蒙版可以将画面分成圆形区域，可以调整圆形的大小和位置。圆形蒙版常用于突出画面中的某个部分或制作创意遮罩效果。

2）圆形蒙版的应用情形

（1）突出主体：如果在一段人物视频中想突出人物的脸部，在导入视频后，单击"蒙版"按钮，选择圆形蒙版。双指缩放蒙版，使其刚好覆盖人物脸部，可适当调整羽化值，让边缘更柔和，突出人物脸部细节。

（2）画面拼接：将多个圆形画面拼接在一起，形成独特的视觉效果。例如，制作一个由多个圆形小窗口组成的视频，每个小窗口播放不同的视频片段。先导入一个视频片段，单击"画中画"按钮，新增画中画。多次导入不同视频片段并分别添加圆形蒙版，调整每个圆形蒙版的大小、位置和羽化值，使它们拼接在一起，形成有趣的画面效果。

（3）圆形蒙版开场效果：导入视频后，向右滑动下方工具栏，再单击"背景"按钮，选择白色画布颜色。选中主视频，向左滑动工具栏并单击"蒙版"按钮，选择圆形蒙版。双指将蒙版缩小并移到左下角，加一个关键帧。在时间轴中将播放指针移到1.5s位置，将左下角蒙版小圆移到屏幕中心位置。将播放指针移到2s位置，将蒙版小圆移到中心并扩大一些。将播放指针移到3.5s位置，继续扩大蒙版圆形。将播放指针移到6s位置，将蒙版圆形放大到屏幕外。

4．矩形蒙版

1）矩形蒙版的特点

矩形蒙版可以将画面分成矩形区域，可以调整矩形的大小和位置，常用于分屏效果、画面拼接或突出特定区域内容。

2）矩形蒙版的应用情形

（1）分屏效果：可以制作四分屏效果，将4个不同的视频片段分别放在不同的图层。操作时，先导入第一个视频，单击"画中画"按钮，新增画中画。导入其他3个视频，再分别选中每个视频片段，单击"蒙版"按钮，选择矩形蒙版，调整每个矩形蒙版的大小和位置，使其分别占据画面的4个象限，可设置一定的羽化值让分屏边缘更柔和。

（2）画面拼接：将多个矩形画面拼接成一个创意画面。例如，制作一个由不同风景图片组成的拼图效果。导入一张风景图片，单击"画中画"按钮，新增画中画。多次导入不同风景图片并添加矩形蒙版，调整矩形蒙版的大小、形状、位置和羽化值，使它们拼接在一起，形成独特的拼图画面。

（3）突出文字区域：给视频中的文字添加矩形蒙版，使其更突出。操作时，先添加文字，然后选中文字所在的视频轨道。单击"蒙版"按钮，选择矩形蒙版，调整矩形蒙版的大小，使其刚好覆盖文字区域。可适当调整羽化值和蒙版的不透明度，让文字与背景区分更明显。

5．心形蒙版

1）心形蒙版的特点

心形蒙版可以将画面分成心形区域，可调整心形的大小和位置。心形蒙版常用于制作情感类视频，能营造浪漫氛围。

2）心形蒙版的应用情形

（1）制作浪漫遮罩：在情侣视频中，用心形蒙版突出情侣的亲密瞬间。操作时，导入视频后，找到情侣亲密互动的片段。单击"蒙版"按钮，选择心形蒙版，调整心形蒙版的大小和位置，使其覆盖情侣互动的画面，增加羽化值让边缘变得柔和，营造出浪漫的氛围。

（2）创意片头：制作一个心形蒙版的创意片头，视频开始时，心形蒙版从无到有逐渐出现，展示出视频的主题或关键元素。操作时，导入背景视频或图片，单击"画中画"按钮，新增画中画。添加要展示的关键元素（如情侣照片或视频片段），选中该画中画轨道，单击"蒙版"按钮，选择心形蒙版。在时间轴的起始位置，将心形蒙版的不透明度设为0，添加一个关键帧；然后在一定时间后，将不透明度设为100%，再加一个关键帧，让心形蒙版逐渐出现，同时可根据需要调整心形蒙版的大小和位置。

（3）心形转场：在两个视频片段之间使用心形蒙版实现转场效果。例如，前一个视频片段是风景，后一个视频片段是人物，在风景视频的结尾和人物视频的开头添加心形蒙版。操作时，先在风景视频结尾处添加心形蒙版，调整大小和位置，设置羽化值；然后在人物视频开头处也添加相同大小和位置的心形蒙版，通过关键帧设置，让心形蒙版在风景视频结尾逐渐缩小直到消失，同时在人物视频开头逐渐放大心形蒙版，实现浪漫的心形转场效果。

6．星形蒙版

1）星形蒙版的特点

星形蒙版可以将画面分成星形区域，可调整星形区域的大小和位置。星形蒙版常用于制作节日视频或需要营造欢快氛围的视频。

2）星形蒙版的应用情形

（1）节日氛围营造：在春节、中秋节等节日视频中,用星形蒙版添加一些节日元素,如星星、礼物等。操作时,导入节日相关的视频或图片,单击"画中画"按钮,新增画中画。添加星星或礼物的图片或视频片段。选中该画中画轨道,单击"蒙版"按钮,选择星形蒙版,调整星形的大小、位置和羽化值,让其与画面中的节日元素相融合,营造出欢快的节日氛围。

（2）突出亮点：在一段展示烟花表演的视频中,用星形蒙版突出烟花绽放的瞬间。找到烟花绽放的关键帧位置,单击"蒙版"按钮,选择星形蒙版,调整星形大小和位置,使其刚好覆盖烟花绽放的中心区域。增加羽化值让边缘柔和,突出烟花的绚丽效果。

（3）创意装饰：为视频添加一些星形的创意装饰,如在视频画面的角落或空白处添加星形蒙版,里面放置一些小动画或特效,如闪烁的星星、飘落的雪花等。操作时,导入视频后,单击"画中画"按钮,新增画中画。再添加小动画或特效素材。选中该画中画轨道,单击"蒙版"按钮,选择"星形蒙版",调整星形区域的大小、位置和羽化值,将其放置在合适的位置,为视频增添创意和趣味性。

8.3.4　帧与关键帧

1．帧

在日常生活中,我们看到的视频、动画等其实都是由许多单个的画面快速连续播放形成的,这些单个的画面就叫作"帧"。

比如电影其实是由每秒 24 帧的画面组成的。也就是说,每秒钟有 24 幅不同的画面在屏幕上快速闪过,由于人眼的视觉暂留特性,我们看到的就是连续的动作和场景,而不是一幅一幅单独的画面。

再比如,动画片也是通过绘制大量的帧来实现的。动画师一帧一帧地画出角色的动作和场景变化,然后按照一定的速度播放这些帧,就形成了我们看到的生动有趣的动画。

在视频制作和游戏开发中,帧也非常重要。视频的帧率越高,画面就越流畅。比如,有些高帧率的游戏可以达到每秒 60 帧甚至 120 帧,这样玩家在玩游戏时就能感受到非常流畅的动作和画面效果;如果帧率较低,游戏画面可能就会出现卡顿、不连贯的情况。

2．关键帧

关键帧是指在动画或视频中定义了重要变化或关键状态的特定帧。它标记了动画中物体的位置、形状、颜色等属性发生显著变化的时刻,这是动画师或视频编辑师用于控制动画关键节点的帧。

在剪映中,关键帧是一种用于标记视频素材在特定时间点上的属性值的工具,它可以让设计师精确地控制视频的各种效果,如位置、大小、旋转、透明度等在不同时间的变化,从而实现丰富多样的动画效果。

比如，如果想让一段视频中的物体产生移动效果，可以参考以下方法。假设视频里有一个可爱的小熊玩具，设计师在视频开始位置单击时间轴上面的"添加关键帧"按钮◇，添加一个关键帧，此时对应的视频轨道上会有一个半菱形（播放指针不在轨道开始或结尾处时，添加的关键帧是完整菱形；播放指针在开始或结尾处时，添加的关键帧是个半菱形），这时小熊在画面的左边。然后把播放指针移动到5s位置，再添加一个关键帧，并把小熊拖到画面的右边。这样，剪映就会自动根据这两个关键帧之间的时间和位置变化，计算出小熊从左边移动到右边的动画过程，让它看起来像是自己从左边"走"到了右边。

再比如，如果想让一段视频逐渐变亮，就把播放指针移到视频开始处并添加一个关键帧，把画面亮度设为较暗的状态；然后把播放指针移到视频结尾处，再添加一个关键帧，将亮度调至较亮的状态。这样，视频就会从开始的较暗状态逐渐变亮，直到结尾处达到较亮程度，实现了画面亮度的平滑过渡。通过设置关键帧，可以轻松地为视频添加各种动态效果，让视频更加生动有趣。

另外，视频轨道中添加了关键帧后，当播放指针移动到关键帧上时，关键帧菱形标识会由白色变为红色，同时时间轴上面的"添加关键帧"按钮◇（有个加号"+"）变为了"删除关键帧"按钮◇（有个减号"-"）。

8.3.5 蒙版应用实例

下面通过多个实例说明蒙版的具体用法。

1. 将3幅图片融合在一起

该实例的操作步骤如下。

步骤1　新建一个项目，然后将作为主体显示的图片导入时间轴中，如图8-2所示。

步骤2　在底部工具栏中点击"画中画"按钮，底部出现"新增画中画"按钮，如图8-3所示。点击"新增画中画"按钮，导入准备放到左下角的图片。用两个手指适当向外滑动，放大显示区的图片，使其遮盖住底部图片。同时可以发现该图移动到主轨的下面，表示该图片将作为画中画叠加在主轨的上面，如图8-4所示。

🐾 **操作小贴士**：如果同时将两幅视频拖入主轨，可以点击"切画中画"按钮，将其中一个视频变为画中画。"切画中画"按钮也会对应变成了"切主轨"按钮，点击该按钮可以将画中画重新恢复到主轨中。

步骤3　在选中画中画图片的情况下，在底部工具栏点击"蒙版"按钮，选择线性蒙版，此时发现上下两幅图片各露出一半，但是主图在下面。在工具栏点击"反转"按钮 ▷◁ 反转，使蒙版遮盖部分上下反转，可见主图出现在上面，如图8-5所示。

步骤4　我们希望只保留画中画图片左下角的部分，所以需要对蒙版线进行调整。此时点击线性蒙版（上面会显示"调整参数"按钮），打开参数设置面板，选择"旋转"选项卡，然后用手指向右拖动刻度线，到20°时停止；也可以用两个手指在图片上顺时针旋转到合适角度,此时两图中间的黄色间隔线(可称为蒙版控制线)也跟着旋转,两图显示的区域也发生了变化。最后用手指将黄色蒙版控制线拖动到左下角的位置,此时的显示如图 8-6 所示。

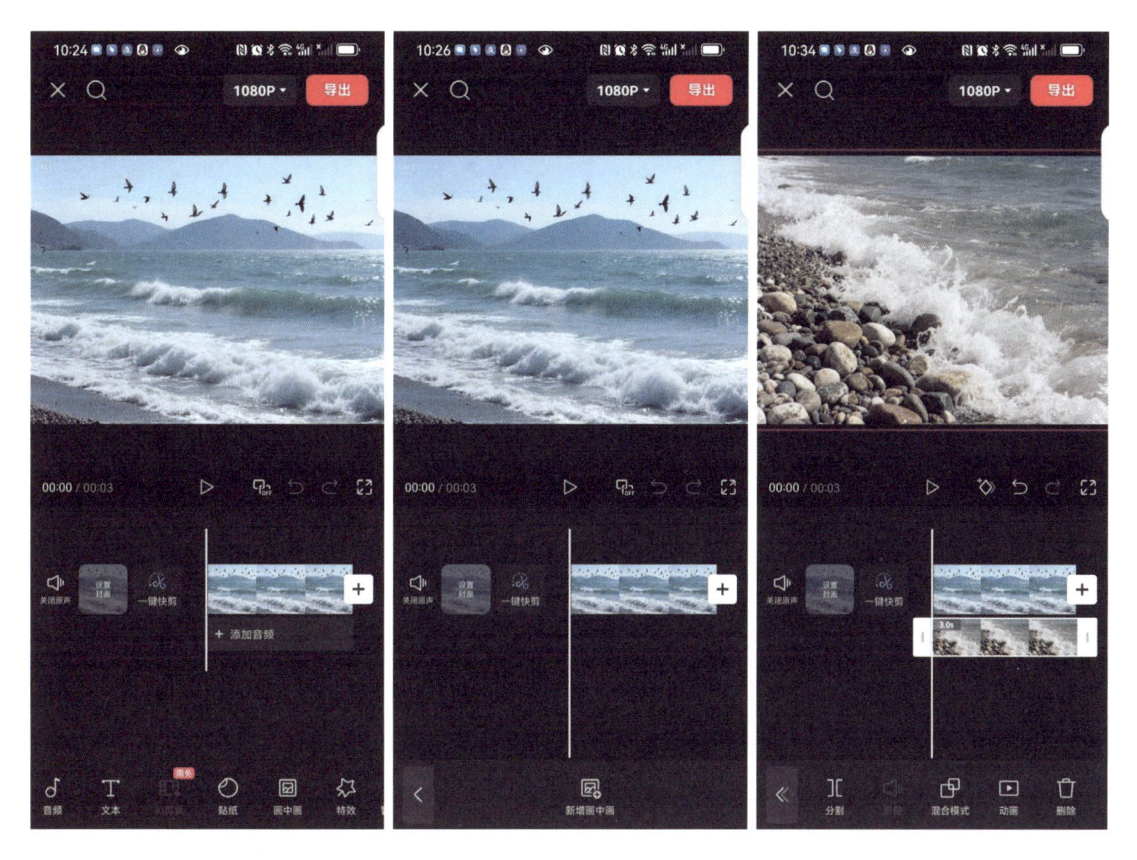

图 8-2　将主体图片导入时间轴中　　图 8-3　"新增画中画"按钮　　图 8-4　画中画叠加在主轨上面

步骤 5　现在看到两图的边界非常明显,泾渭分明。为了使合成的图片自然融合到一起,需要对两图的交界处进行羽化。打开线性蒙版的"调整参数"按钮,将羽化值设置为 30,此时可见两幅图片比较自然地融合在一起了,如图 8-7 所示。最后点击下拉按钮,关闭调整参数面板。再点击主界面底部的"对号"按钮☑,确认蒙版设置,这样一个蒙版就设置好了。

步骤 6　按照步骤 2 的方法,新增画中画,然后选择一幅草地的图片导入,并用双指向外滑动,适当放大图片,此时会发现遮盖了其他两层图片,如图 8-8 所示。

步骤 7　选择第 2 个画中画,在底部点击"蒙版"按钮,仍然选择线性蒙版。然后拖动蒙版控制线到上面 1/3 的位置,如图 8-9 所示。

步骤 8　直接在图片上拖动羽化图标⊙设置羽化效果,参数面板中羽化值显示为 30 左右即可,如图 8-10 所示。关闭调整参数面板,并点击工具栏中的"对号"按钮☑确认。这样合成在一起的新图片就做好了,如图 8-11 所示。

图 8-5　反转蒙版遮盖区域　　图 8-6　旋转蒙版控制线并调整位置　　图 8-7　调整羽化值使图片自然融合

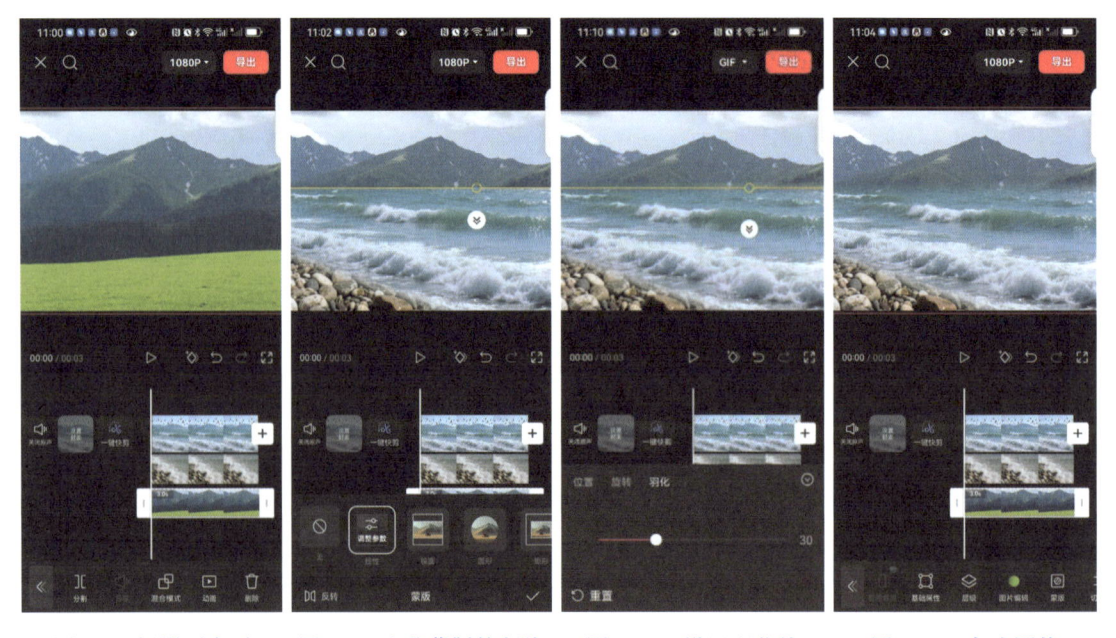

图 8-8　新增画中画　　图 8-9　上移蒙版控制线　　图 8-10　设置羽化值　　图 8-11　合成图片

步骤9　最后在右上角点击1080P的下拉按钮，可以根据需要进行设置，此处用默认值即可，如图8-12（a）所示。点击"导出"按钮，就可以将视频导出保存。

步骤10　在手机图片库中选择视频，并点击工具栏中的"编辑"按钮，如图8-12（b）所示。再在底部两行工具栏上面的工具栏中点击"单帧导出"按钮，如图8-12（c）所示，则图片就保存下来，最终输出效果如图8-12（d）所示。

（a）导出视频 　　　　　　　（b）编辑视频 　　　　　　　（c）单帧导出

（d）合成图片输出效果

图8-12　选择视频格式导出文件并将单帧导出

操作小贴士：导出设置中可以选择GIF格式，但是高分辨率的GIF文件太大，所以建议用视频形式导出后，再提取单帧图片效果比较好。另外，此处使用的操作系统为HarmonyOS 4.2.0。不同类型的手机编辑视频的工具可能不同。

用剪映也可以导出静帧画面。计算机上的剪映软件中，在播放器右上角快捷菜单中有"导出静帧画面"命令，可以将视频添加到时间轴中，再选择需要的帧并配合该命令导出图片。

手机中的剪映App可以通过设置视频封面功能，选择要导出的帧，然后在工具栏中点击"编辑封面"按钮，会打开"醒图"App（手机上要提前安装该App），可以进行适当修改或者不修改，再点击右上角的"应用到剪映"按钮，也会将单帧图片保存下来。

2．应用三种蒙版切换图片

该实例的操作步骤如下。

步骤1 在剪映App中新建一个项目，然后将"春.jpg"图片导入时间轴中，如图8-13所示。

步骤2 将播放指针移动到1s位置，在底部工具栏点击"画中画"按钮，再点击"新增画中画"按钮，选择"夏.jpg"图片导入。可以用双指在图片上向外滑动放大图片；或者点击底部工具栏中的"基础属性"按钮，将"缩放"参数设置为104%，使画中图片将底图覆盖，如图8-14所示，点击"基础属性"面板右上角的下拉按钮将其关闭，最后点击工具栏中的"对号"按钮确认修改。

步骤3 选中画中画图片，将播放指针移动到1s位置，添加一个关键帧。再在底部工具栏点击"蒙版"按钮，选择线性蒙版。点击"调整参数"按钮，选择"位置"选项卡，向右拖动刻度线，将Y轴值调整到最大值999，此时发现画中画图片看不见了，如图8-15所示；再将羽化值调整为30。点击"调整参数"面板右上角的下拉按钮将调整参数面板关闭，点击蒙版工具栏中的"对号"按钮确认修改。

步骤4 将播放指针移动到2s位置，并为画中画图片添加关键帧。再打开线性蒙版的"调整参数"面板，将"位置"选项卡中的Y轴值调整为最小值——999，此时发现画中画图片将主轨图片全部遮盖。

步骤5 添加第2个画中画图片。将播放指针移动到2.5s位置，不选任何轨道，然后点击"新增画中画"按钮，选择"秋.jpg"图片导入。双指向外滑动，使图片遮盖第1个画中画图片，如图8-16所示。

步骤6 在2.5s位置为第2个画中画添加一个关键帧。然后添加一个圆形蒙版，在"调整参数"面板中，将"大小"选项卡中的X轴和Y轴值都调整为1，发现第2个画中画图片隐藏起来了，如图8-17所示；将"羽化"值调整为20。点击"对号"按钮确认修改。

步骤7 将播放指针移动到3.5s位置，为第2个画中画添加一个关键帧。在"调整参数"面板中，将"大小"选项卡中的X轴和Y轴值都调整为135，"羽化"值仍为20，点击"对号"按钮确认修改。

图 8-13 导入第一幅图　图 8-14 新增画中画　图 8-15 隐藏画中画图片　图 8-16 添加第 2 个画中画

步骤 8　添加第 3 个画中画图片。将播放指针移动到 4s 位置，不选任何轨道，然后点击"新增画中画"按钮，选择"冬 .jpg"图片导入。双指向外滑动，使新图片遮盖第 1 个画中画图片，如图 8-18 所示。

步骤 9　在 4s 位置为第 3 个画中画轨道添加一个关键帧。然后添加一个星形蒙版，在"调整参数"面板中，将"大小"选项卡中的 X 轴和 Y 轴值都调整为 1，发现第 3 个画中画图片隐藏起来了，如图 8-19 所示；将"羽化"值调整为 30。点击"对号"按钮☑确认修改。

步骤 10　将播放指针移动到 5s 位置，为第 3 个画中画轨道添加一个关键帧。在"调整参数"面板中，将"大小"选项卡中的 X 轴值调整为 360，Y 轴值调整为 280，"羽化"值仍为 20，点击"对号"按钮☑确认修改。

步骤 11　选择第 3 个画中画，将后面 5.5s 以外多出的部分进行分割并删除多余部分，最终效果如图 8-20 所示。

步骤 12　将视频用 1080P 分辨率导出即可。其中 3 帧效果如图 8-21 所示。

3．制作文字随自行车显示的效果

该实例的操作步骤如下。

步骤 1　在剪映 App 中新建一个项目，然后在剪映素材库中找到一幅黑色背景的图片，选中"高清"选项后，再点击"添加"按钮，如图 8-22 所示。将其添加到时间轴中，拖动轨道长度为 4s。

步骤 2　在底部工具栏点击"文本"按钮，然后再点击"新建文本"按钮，在打开的编辑框中输入："骑车旅行真快乐！"字体选择"造梦简"，如图 8-23 所示。点击"对号"按钮☑确认修改。再将文本轨道长度延长到 4s，与上面的黑色背景对齐。然后用 1080P 分辨率将视频导出后备用。

图 8-17　添加圆形蒙版并设置参数　　图 8-18　添加第 3 个画中画　　图 8-19　调整星形蒙版参数　　图 8-20　删除第 3 个画中画的多余部分

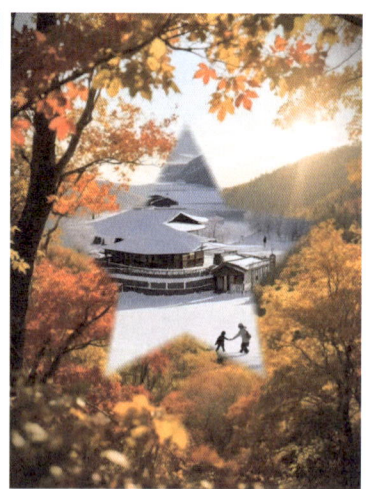

图 8-21　3 种蒙版在 3 帧中的体现

步骤 3　新建一个项目,然后导入一个人在骑车的视频。

步骤 4　将播放指针移动到 0.5s 位置,在底部工具栏点击"画中画"按钮,再点击"新增画中画"按钮,选择前面制作的文字视频并导入,使其左边位于 0.5s 位置。

步骤 5　选择文字轨道,再在工具栏中点击"混合模式"按钮,选择"滤色"模式,此时黑色部分变为透明,白色部分没有变化,如图 8-24 所示。点击"对号"按钮✓确认修改。

步骤 6　将播放指针移动到 0.5s 位置,添加一个关键帧。然后填写一个线性蒙版,将"位置"选项卡中的 X 轴值设置为 -650,正好看不到文字;将"旋转"选项设置为 -90°,如

图8-25所示。关闭参数面板后,点击"对号"按钮☑确认修改。

步骤7　继续选择画中画,在工具栏中点击"蒙版"按钮,再点击"反转"按钮,显示出所有文字。将播放指针移动到文字最后,再次点击"反转"按钮,将文字继续遮挡。然后在该位置添加一个关键帧。

图8-22　添加黑底素材　　图8-23　输入文字　　图8-24　设置混合模式　　图8-25　设置开始关键帧

💡**操作小贴士**：也可以先设置文字尾部的关键帧蒙版参数,再设置开始位置的关键帧蒙版参数,就不需要点击"反转"按钮。

步骤8　继续选择画中画,打开蒙版"调整参数"面板,将"位置"选项卡中的 X 轴值设置为600,将蒙版控制线移动到文字最后,这样文字都就显示出来了,如图8-26所示。

步骤9　最后利用分割及删除功能,将画中画第2个关键帧略微靠后的一段文字轨道删除。最后选择1080P分辨率导出视频即可。

步骤10　播放视频,可以看到文字跟随自行车逐步显示出来,其中两帧效果如图8-27所示。

4．制作卡点大片效果

该实例的操作步骤如下。

步骤1　在剪映 App 中新建一个项目,然后导入一个视频,并将其添加到时间轴中。

步骤2　在音频轨道中点击,可以添加音频,再选择一首有节拍的音乐"海边浪漫漫步.mp3"。选中音乐轨道,在工具栏点击"节拍"按钮,在打开的参数面板中选中"自动踩点"选项,此时在音乐轨道下面会出现一些黄点,表示节拍的位置,如图8-28所示。点击"对号"按钮☑确认修改,则主界面显示如图8-29所示。

图 8-26　设置结束关键帧　　　　　　　　图 8-27　视频两帧的效果

步骤 3　在底部工具栏点击"文本"按钮,然后点击"新建文本"按钮,在打开的编辑框中输入 4 条竖线(中文输入状态下输入"符号"中的竖线),如图 8-30 所示。双指滑动屏幕将其放大,使靠边的两条线与视频边缘对齐,如图 8-31 所示。添加该间隔线的目的是方便控制分屏的宽度。

步骤 4　将播放指针移动到第 2 个黄点节拍位置,在底部工具栏点击"新增画中画"按钮,选择一个视频并导入。然后选择镜面蒙版,在"调整参数"面板中设置"旋转"值为 90°,如图 8-32 所示。

步骤 5　再用双指缩小镜面大小,使视频位于中间两条竖线内。然后在底部工具栏点击"动画"按钮,选择向下滑动的动画,如图 8-33 所示。

步骤 6　将播放指针移动到第 3 个黄点节拍位置,复制中间的视频,然后用手指将其拖动到第 1 个画中画的下面,左边与第 3 个黄点对齐,成为第 2 个画中画。同时在屏幕上将其移动到左边。再在底部工具栏点击"替换"按钮,将其替换为其他视频。

步骤 7　将播放指针移动到第 4 个黄点节拍位置,复制中间的视频,然后用手指将其拖动到第 2 个画中画的下面,左边与第 4 个黄点对齐,成为第 3 个画中画。同时在屏幕上将其移动到右边。再在底部工具栏点击"替换"按钮,将其替换为其他视频。

图 8-28 选择"自动踩点"选项　图 8-29 音乐轨道显示效果　图 8-30 添加竖线　图 8-31 放大竖线

🐳 **操作小贴士**：替换视频后，移动过的视频有可能又回到了原来位置，此时重新拖动调整位置即可。也可以直接复制两次视频，再调整位置并进行替换，如图 8-34 所示。

步骤 8　将播放指针移动到第 5 个黄点处，给 3 个画中画轨道分别添加关键帧。再将播放指针移动到第 6 个黄点处，给 3 个画中画轨道分别添加关键帧，如图 8-35 所示。然后分别调整 3 个分屏的蒙版参数，将旋转角度调整为 100°，使 3 个分屏向右倾斜。

图 8-32 用镜面蒙版　图 8-33 设置动画效果　图 8-34 复制视频并替换　图 8-35 添加关键帧

步骤9　点击工具栏中的"文本"按钮,重新打开文本,如图 8-36 所示,然后将其删除。

步骤10　将播放指针移动到第 2 个黄点处,然后对主轨进行分割,将后面的视频删除,以便使分屏的背景改为黑色。再将播放指针移动到第 7 个黄点处,点击"新增画中画"按钮,将主轨视频重新导入作为第 4 个画中画。再为其设置"渐显"动画。

步骤11　将播放指针移动到第 9 个黄点处,然后对所有画中画轨道和音乐轨道进行分割,并分别将后面的视频和音乐轨道进行删除,效果如图 8-37 和图 8-38 所示。最后导出视频即可,其中 3 帧效果如图 8-39 所示。

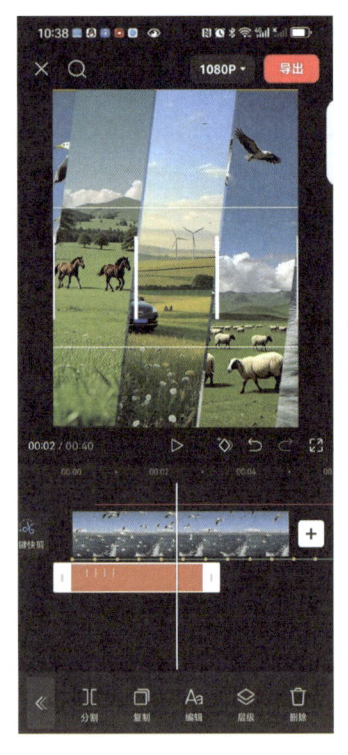

图 8-36　准备删除文本 　　　图 8-37　删除多余轨道 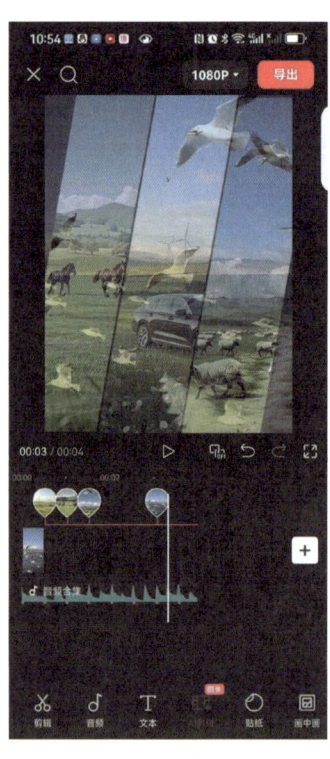　　　图 8-38　缩小画中画轨道效果

图 8-39　视频 3 帧的效果

8.3.6 熟悉混合模式

在使用剪映的蒙版和画中画创作视频时,经常会用到混合模式,所以了解各种混合模式的作用对于创作视频帮助很大。

剪映的混合模式是一种通过叠加多个视频或图片轨道,让它们以不同方式融合,从而产生特殊视觉效果的功能。简单来说,就像把两张有图案的透明纸叠在一起,通过不同的"叠加规则"让它们的颜色、亮度等互相影响,最终得到新画面。实际应用场景举例如下。

(1)溶图效果:将两张图叠加,用"正片叠底"或"柔光"混合模式让边缘自然融合。

(2)双重曝光:人物视频叠加风景,用"滤色"混合模式保留两者亮部,营造艺术感。

(3)局部提亮:用圆形蒙版选中人脸,叠加"滤色"混合模式让脸部更亮。

剪映的混合模式大致可以分为三类,下面分别用如图8-40的黑、灰、白三色的色块并结合不同的混合模式覆盖到底图上面,可以了解不同混合模式的效果对比。

图 8-40　三色图片

1. 变亮类(去黑色)

变亮类常用的混合模式有变亮、滤色、颜色减淡,其效果是保留画面中较亮的部分,适合去除黑色背景或提亮画面。应用这三种混合模式的对比效果如图 8-41 所示。

(a) 变亮　　　　　　　　(b) 滤色　　　　　　　　(c) 颜色减淡

图 8-41　应用三种变亮类混合模式的效果

变亮类混合模式应用举例如下。

(1)滤色模式:比如用"绿幕抠图"时,先用"滤色"混合模式去掉绿色背景,再叠加到其他画面上。

(2)美白提亮:复制一段视频,切为画中画后,选择"滤色"混合模式,画面会变得更亮、更通透。

2. 变暗类（去白色）

变暗类常用的混合模式有变暗、颜色加深、正片叠底，其效果是保留较暗部分，适合压暗画面或加深颜色。应用这三种混合模式的对比效果如图 8-42 所示。

（a）变暗　　　　　　　　　（b）颜色加深　　　　　　　　　（c）正片叠底

图 8-42　应用三种变暗类混合模式的效果

变暗类混合模式应用举例如下。

（1）正片叠底：叠加文字或 Logo 时，白色背景消失，只保留深色部分（类似水印效果）。

（2）复古色调：给视频加"复古滤镜"后，用"正片叠底"混合模式让画面更暗，增强怀旧感。

3. 饱和度调节类

饱和度调节类常用的混合模式有叠加、强光、柔光，其效果是增强或减弱颜色对比，改变画面层次感。应用这三种混合模式的对比效果如图 8-43 所示。

（a）叠加　　　　　　　　　（b）强光　　　　　　　　　（c）柔光

图 8-43　应用三种饱和度调节类混合模式的效果

饱和度调节类混合模式应用举例如下。

（1）叠加模式：给风景视频添加"清新滤镜"后，选择"叠加"混合模式，图片的色彩会更加鲜艳（如蓝天会更蓝）。

（2）柔光模式：人物照片叠加一层柔光后，人物的皮肤会变得更柔和（类似磨皮效果）。

操作小贴士：混合模式是剪映的"魔法工具"，灵活组合运用能轻松实现高级效果。快速掌握的方法就是多尝试。不同素材适合用不同的混合模式，比如风景常用"叠加"混合模式，人像常用"柔光"混合模式。

必要时可以调整透明度。比如，混合模式效果太强时，降低透明度（如用"正片叠底"混合模式时透明度调至80%）会显得更自然。

第 9 章　增收与就业（AI 赋能新机会）

在 AI 技术爆发式发展的今天，短视频创作、自媒体运营与副业增收正迎来全新机遇。AI 工具不仅大幅降低内容制作门槛，还能智能优化创作效率，帮助个人打造爆款内容并精准触达受众。本章将揭秘如何借助 AI 实现流量变现、副业增收，以及在新职业浪潮中抢占先机，为读者提供可落地的创收策略与实战案例，开启数字化时代的财富新路径。

9.1　短视频创作

借助 DeepSeek 等 AI 工具可智能生成爆款脚本，提高剪辑效率，显著提升创作效果；同时通过流量数据分析，优化标题、标签与发布时间，可以精准提升播放量。本节详解如何借力 AI 打造高传播内容，快速突破流量瓶颈，实现短视频变现。

9.1.1　脚本生成与剪辑建议

AI 可基于爆款模板（如"痛点—解决"结构或"猎奇—冲突—共鸣"故事框架）生成高转化脚本，并智能优化剪辑节奏，如快速切镜、卡点音效等，提升完播率。结合抖音算法偏好（如前 5 秒抓眼球、30 秒内高潮），AI 还能推荐热门背景音乐（background music，BGM）、特效及标签策略，助力内容快速破圈。

【案例 9-1】小李很希望大学毕业后自主创业，他听说短视频创作是一条不错的途径，后来通过查询资料，了解到短视频创作对普通人来说具有以下特点：第一，创业门槛比较低，通过内容变现可以实现副业增收；第二，可以打造个人品牌平台，快速使个人建立行业影响力；第三，可以作为创意表达的新渠道，用视听语言展示才华；第四，还可以作为技能提升的途径，锻炼策划、拍摄、剪辑等综合能力。许多成功案例证明，优质短视频能带来百万流量和可观收益。最后他非常希望借助 DeepSeek 了解一下创作短视频时如何进行脚本生成与视频剪辑。

DeepSeek 提示词如下。

我想将短视频创作作为自主创业的途径。请提供一下脚本生成与视频剪辑建议和详细描述，并给出一个抖音爆款视频案例的完整实现过程。创作工具软件尽量使用如 DeepSeek 等国产免费软件。

DeepSeek 解答如下。

AI 短视频脚本生成与剪辑全流程（国产免费工具实战版）——以 DeepSeek、剪映、MJAI 绘画为核心工具。

1．国产 AI 工具推荐与核心功能

1）DeepSeek

DeepSeek 的功能亮点如下。

- 智能选题分析：基于平台热点数据推荐高流量选题（如职场技巧、情感共鸣）。
- 脚本生成：支持"痛点—解决""悬念反转"等模板，输入"主题＋关键词"，即可生成结构化脚本（例如：输入"打工人摸鱼技巧"，生成分镜头脚本）。
- 标题优化：自动生成高点击率标题，如"领导以为我在加班，其实……"。

使用场景包括职场、育儿、历史科普等垂直领域内容的快速生产。

2）剪映

剪映的功能亮点如下。

- AI 成片：输入文案，自动匹配画面、BGM 及特效（支持抖音热门模板）。
- 智能剪辑：一键优化卡点节奏，推荐"快速切镜""动态字幕"等友好剪辑方式。
- 音频处理：文字转语音功能（支持方言与情感语调的调整）。

3）MJAI 绘画和即梦 AI

MJAI 的功能亮点如下。

- 文生图/图生视频：输入脚本描述，生成画面素材（如"办公室场景＋计算机特写"）。
- 动态化处理：将静态图片转化为动态镜头（如飘动的窗帘、人物微表情）。

4）度加创作工具

度加创作工具作为百度推出的 AI 创作平台，其功能亮点主要集中在 AI 智能成片与 AI 数字人应用两大核心领域。这两大亮点功能通过 AI 技术深度整合创作全流程，既降低了专业门槛，又提升了内容生产效率，尤其适合泛知识类创作者快速入局短视频领域。

- AI 智能成片：一键生成爆款视频，全流程降本增效。
  - 热点追踪与文案生成：平台内置实时热点榜单，覆盖娱乐、科技、社会等垂直领域；用户可一键选择热门话题；AI 自动生成高匹配度的文案草稿，并提供智能润色功能优化内容。例如，输入"职场技巧"等关键词，AI 可快速生成包含悬念标题、分镜头脚本及互动引导的完整方案。
  - 多模态素材匹配：基于百度 AIGC 技术，文字或图文内容可自动转化为视频；AI

精准匹配画面、BGM 及特效,并支持素材增删、字幕调整、动态进度条添加等个性化优化,可显著提升完播率。
- ◇ 效率优势:传统上需数小时剪辑的视频,通过"一键成片"功能可在 1 分钟内完成,且支持百度网盘同步,实现跨设备无缝创作。
- ➢ AI 数字人:低成本打造专属 IP,赋能多场景创作。
  - ◇ 海量数字人模型库:提供 50+ 免费数字人形象,涵盖职场、教育、娱乐等多种风格,用户可一键生成口播视频,无须真人出镜即可完成内容输出。
  - ◇ 技术延展性:未来将上线"声音克隆"与"数字孪生"功能,支持用户定制个性化数字分身,进一步降低 IP 打造门槛。
  - ◇ 应用场景:适用于知识科普、产品推广、新闻播报等场景。例如,教育博主可借助数字人讲解知识点,结合百科卡片功能增强内容权威性。

2．**爆款视频全流程拆解(以"职场高效办公技巧"为例)**

目标:3 天内完成脚本到成片,实现 50 万 + 播放量。

1)脚本生成(DeepSeek)

输入提示词,如图 9-1 所示。输出结果如图 9-2 所示。

图 9-1　输入提示词　　　　图 9-2　输出结果

2)素材制作(MJAI 绘画 + 即梦 AI+ 剪映)
- ➢ 画面生成:先用 MJAI 绘画输入"办公室计算机特写"生成高清素材,再用即梦 AI 将静态操作截图转为动态演示(如键盘按键特效)。
- ➢ 剪辑优化:剪映 App 导入素材后,点击"AI 成片"按钮,自动匹配"科技感 BGM"和转场特效。再添加"进度条"特效(前 3 秒标记"重点来啦!")。

3)发布策略(算法适配)
- ➢ 标签优化:#Excel 技巧 #职场效率 #办公神器(标签搜索量 > 50 万)。
- ➢ 发布时间:工作日 20:00—22:00(打工人的下班高峰)。
- ➢ 互动引导:在评论区置顶"需要模板的私信我",引流私域。

3．**避雷指南与数据优化**

1)算法红线规避
- ➢ 完播率:前 5 秒必须出现核心信息(DeepSeek 生成脚本时需强调"强钩子")。
- ➢ 重复检测:AI 生成素材需用剪映"画中画 + 滤镜"两次加工,避免判为搬运。

2)版权合规
- ➢ BGM:使用剪映"商用音乐库"或 AI 生成原创背景音乐。
- ➢ 字体 / 贴纸:优先选择剪映内置可商用资源。

3）数据迭代
- 24小时测试：发布后监测"5秒完播率"。若低于40%，用剪映重剪前导片段。
- AB测试：同一脚本生成两个版本（如"疑问式"对比"悬念式"标题），对比流量差异。

4．变现路径设计
- 商单合作：通过DeepSeek分析账号标签（如"职场技能"），对接办公软件品牌植入广告。
- 知识付费：用度加创作工具生成"Excel进阶课"推广音频，引导至私域售卖（客单价99元）。
- 平台分成：抖音"中视频计划"按播放量分成（千次播放≈1～5元）。

举例

某职场账号使用此流程，单条视频播放量突破80万，引流私域转化课程订单200+，广告合作报价提升至5000元/条。

通过国产AI工具组合，创作者可实现"日更3条高质量视频"的产能，适合个人IP打造与企业矩阵号批量运营。

9.1.2 流量分析与内容优化

流量分析与内容优化是提升视频播放量的核心策略。通过平台数据分析用户画像、观看时长、跳出点等指标，定位内容短板；结合热门标签、标题关键词优化及封面吸引力等提升点击率，同时调整视频节奏、开头钩子设计来增强完播率。定期监测数据迭代内容，形成"分析—优化—验证"闭环，有针对性地满足受众需求，实现流量增长。

【案例9-2】　小蒋是一名短视频创作者，最近他发现播放量总是不太理想，点击率和完播率也需要提升，因此他希望通过DeepSeek获得帮助。

DeepSeek提示词如下。

我想提升播放量，请给出流量分析与内容优化的详细操作步骤和方法，并通过具体操作案例进行说明。描述要具体，操作性要强。尽量使用国产免费软件。

DeepSeek解答如下。

下面描述提升播放量并进行流量分析与内容优化的详细操作步骤。

1．流量分析阶段

1）数据采集工具

（1）抖音/快手/B站：直接使用平台自带的"创作者服务中心"（抖音叫"抖音创作者中心"，B站叫"创作激励计划"）。

（2）微信视频号：使用"视频号助手"后台数据分析。

（3）通用工具（跨平台分析）：包括以下几种。

- 新榜（免费版）：查看行业热门内容趋势。
- 飞瓜数据（轻量版免费）：监控竞品账号数据。
- 百度指数/微信指数：免费查关键词热度。

2）关键数据指标解读

（1）播放量低 → 可能问题是标题/封面不吸引人或内容未被推荐。

（2）点击率（CTR）<5% → 优化标题和封面。

（3）完播率 <20% → 视频开头不够抓人，或内容拖沓。

（4）跳出点集中在开头 5 秒 → 开头钩子设计失败。

2．内容优化策略

1）标题优化

（1）工具：用抖音"巨量算数"（免费）查询热门关键词（如"美食教程"相关的高搜索词）；用 5118 站长工具（免费基础版）挖掘长尾关键词（适合 B 站/公众号）。

（2）优化方法：包括以下几种。

- 疑问式："为什么你的视频播放量总是卡在 500？"
- 数字式："3 个免费工具，让你的播放量翻倍！"
- 冲突式："90% 人做错的 5 个拍摄误区！"

（3）案例（抖音短视频）：具体如下。

- 原标题："手机剪辑教程" → 播放量 1000。
- 优化后："用这 3 个免费 App，剪辑速度提升 10 倍！" → 播放量 5W+。

2）封面优化

（1）工具：用 Canva 可画（免费模板）可以直接套用"短视频封面"模板；用醒图/美图秀秀可以调整亮度、对比度，加粗字体。

（2）优化方法：大字标题（手机端易读，如"1 分钟学会！"）；前后对比（如"原图对比调色后"）；人物+表情（增强代入感）。

（3）案例（B 站视频封面）：具体如下。

- 原封面：模糊背景+小字→点击率 2%。
- 优化后：高清食物特写+大字"3 步搞定！"→点击率 8%。

3）开头钩子设计（5 秒必留人）

（1）方法：具体如下。

- 问题开场："你的视频播放量为什么一直卡在 500？"
- 利益开场："今天教你一个免费工具，播放量轻松破万！"
- 冲突开场："别再用手机直接拍了！90% 人都做错了！"

（2）案例（快手短视频）：具体如下。

- 原开头："大家好，今天我们来聊聊怎么拍视频……"→ 5 秒流失率 70%。
- 优化后："停！你的视频没人看，是因为少了这一步！"→ 5 秒留存率提升 50%。

4）内容节奏优化

（1）工具：具体如下。

➢ 剪映（字节跳动公司工具）：免费，自动卡点，快剪功能。

➢ 必剪（B 站官方工具）：适合中长视频节奏优化。

（2）优化方法：具体如下。

➢ 前 10 秒：抛出核心问题 / 结果（如"3 秒教您调出电影感色调"）。

➢ 每 30 秒：插入一个"刺激点"（字幕特效、BGM 高潮、案例对比）。

➢ 结尾：引导互动（"您学会了吗？评论区告诉我"）。

（3）案例（抖音影视解说）：具体如下。

➢ 原视频：10 分钟慢节奏 → 完播率 10%。

➢ 优化后：3 分钟快剪 + 每 30 秒反转 → 完播率 40%。

5）互动引导（提升推荐权重）

（1）方法：具体如下。

➢ 结尾提问："您用过这个工具吗？评论区告诉我！"

➢ 引导点赞："如果对您有用，点个赞支持一下！"

（2）案例（小红书视频）：具体如下。

➢ 无引导 → 互动率 1%。

➢ 加引导 → 互动率 5%（平台推荐量翻倍）。

3．案例实操：抖音知识类账号优化

问题：播放量卡在 500 ～ 2000，点击率为 3%，完播率为 12%。

优化步骤具体如下。

（1）数据分析（抖音创作者中心）：发现观众流失集中在开头 3 秒（开场太慢）；流量来源主要是"同城推荐"（需加强标签匹配）。

（2）标题优化（巨量算数）：原标题为"如何提升表达能力"→ 优化后为"3 个万能表达公式，开口就赢！"

（3）封面优化（Canva 可画）：原封面为"文字小 + 无重点"→ 优化后为"红底白字 + 人物手指镜头"。

（4）开头重拍（剪映的快剪功能）：原开头为"今天我们来聊聊表达技巧……"→ 优化后为"你是不是一说话就冷场？3 个公式解决"。

（5）节奏调整：原视频为 5 分钟 → 优化后压缩至 2 分钟，删除冗余理论。

（6）结果：单条视频播放量破 10 万，点击率为 8%，完播率为 35%。

4．持续迭代

（1）标题 / 封面测试：同一视频发 2 个版本（不同标题 / 封面），用小号测试数据。

（2）工具：抖音"创作者服务中心"看实时数据对比。

（3）跟拍热门话题：用新榜或抖音热榜找近期爆款，快速模仿（如"挑战赛"）。

(4）建立爆款模板：如"问题+解决方案+结果对比"，套用到不同内容。

（5）总结：具体如下。

> 分析：用免费工具（抖音/B 站后台+新榜）找问题。
> 优化：标题/封面（Canva 可画/醒图）、开头钩子（5 秒留人）、节奏（剪映的快剪功能）。
> 测试：A/B 对比，持续迭代。

核心逻辑是"精准抓痛点+高信息密度+强互动引导=自然流量爆发"。

9.2　自媒体运营

自媒体运营聚焦爆款内容打造与用户黏性提升，通过标题关键词优化（如数字悬念、冲突句式）与内容节奏设计（前 5 秒钩子、信息密度），结合巨量算数、Canva 等免费工具提升流量；依托评论互动、粉丝分层及新榜数据分析，追踪完播率、互动率等指标，迭代运营策略，实现精准触达与长期留存。

9.2.1　爆款文章生成

爆款文章生成的核心在于精准抓取用户痛点：标题采用数字悬念（如"3 个冷门技巧"）或情绪冲突（"90% 人踩过的坑"）。内容需前 3 秒抛出核心价值；每 300 字设置记忆点；结尾引导互动，配合热点关键词提升搜索权重；通过 A/B 测试持续优化转化路径。

【案例 9-3】　小冯是一名自媒体创作者，他写的很多文章表现平平，没有太大的吸引力。他非常希望 DeepSeek 能够帮他轻松生成爆款文章，迅速增强他的知名度，同时他也希望能够学到一些优化标题和内容的技巧。

DeepSeek 提示词如下。

请详细描述一下如何生成爆款文章，并提供优化标题与内容的技巧，给出详细的操作策略和方法，再通过具体的操作实例进行详细说明。

DeepSeek 解答如下。

1．爆款文章的核心逻辑

爆款文章=高点击率（标题/封面）+高完读率（内容结构）+高互动率（引导设计）。需通过数据驱动持续优化，以下为具体操作框架。

2．标题优化技巧与操作策略

1）标题的黄金公式

> 冲突/悬念型：结构为"已知认知+颠覆结论"。例如，普通标题为"如何学好英语"，爆款标题为"你学了 10 年英语，可能连这 3 个基础错误都没发现"。
> 数字量化型：结构为"数字+痛点/结果"。例如，普通标题为"提高工作效率的方

法",爆款标题为"1个时间管理表格,让我3个月涨薪50%"。
- 痛点直击型:结构为"人群+问题+解决方案"。例如,普通标题为"新手如何做自媒体",爆款标题为"90%新手做自媒体失败,只因忽略这一步"。
- 热点借势型:结构为"热点关键词+关联内容"。例如,普通标题为"如何选择健身房",爆款标题为"'热辣滚烫'同款减脂计划,普通人如何坚持?"。

2)标题优化工具

免费工具:微信指数(查热点词)、5118/站长工具(长尾关键词挖掘)、新榜(爆款标题库参考)。

3. 内容优化技巧与操作策略

1)开头设计:5秒留住读者
- 提问法:直击读者痛点(例如:"你是不是总写不出爆款标题?")。
- 结果法:先抛结论(例如:"用这3个方法,我的文章打开率提升了200%")。
- 故事法:制造共鸣(例如:"2年前我的账号只有500粉丝,直到发现了这个秘密……")。

2)正文结构:信息密度+节奏感
- 金字塔结构:结论先行 → 分点论证 → 案例佐证。
- 每300字设置记忆点:加粗小标题;插入图表/对比图;插入金句(例如:"所有爆款内容,本质上都是情绪的生意")。

3)结尾设计:引导互动
- 提问互动:"你用过哪种方法?评论区告诉我!"
- 利益引导:"关注我,回复'模板'领取爆款标题库。"

4. 操作实例:职场类文章优化

1)原始版本
- 标题:"如何在职场中高效沟通"。
- 内容:开头平铺直叙,介绍沟通的重要性;正文罗列沟通技巧(无案例);结尾简单总结。
- 数据表现:打开率3%,读完率10%。

2)优化后版本
- 标题:"职场沟通踩雷大全:老板最讨厌的3句话,你说过吗?"
- 内容:开头为"上周同事小王因为一句话被降薪,90%人都没意识到这是沟通雷区……"。正文雷区1:"我觉得……" → 替换为"数据/老板视角"(附对话对比图);正文雷区2:"这不是我的问题" → 正确话术模板;正文雷区3:"随便/都可以" → 高情商回应案例。结尾为"你在职场中踩过哪些雷?扫码加入社群,领取'职场黑话避坑指南'"。
- 数据表现:打开率15%,读完率45%,转发量提升300%。

5. 持续优化：数据驱动迭代
- A/B 测试标题：同一篇文章发布两个标题，测试打开率（可用微信公众号"分组发送"功能）。
- 热词监控：定期用微信指数/5118更新关键词库。
- 爆款复用：分析高转化文章结构，复制到同类选题（如"职场雷区"系列化）。

6. 避坑指南
- 避免标题党：标题需与内容强相关，否则会拉低读完率。
- 减少自嗨：多使用"您/您的"而非"我/我们"。
- 控制篇幅：干货文建议为1500~2500字，情绪文为800~1200字。

通过以上策略，可实现从选题到转化的全链路优化，系统性打造爆款内容。

9.2.2 粉丝互动与数据分析

提升粉丝黏性需构建双向互动体系：通过定期话题投票、专属福利活动建立情感连接，结合后台数据，分析用户活跃时段与内容偏好，针对不同粉丝群体推送个性化内容，设置"勋章成就"等游戏化激励，并建立核心粉丝群实现深度运营，持续优化互动模式来提升忠诚度。

【案例9-4】 小巩是一名网络大V，但是最近粉丝数量有所下滑，他希望增加与粉丝的互动，并对粉丝数据进行适当分析，能够快速掌握提升黏性的策略。他希望DeepSeek能够给出具体的方法和详细的操作步骤，并通过典型示例进行详细说明。

DeepSeek 提示词如下。

==小巩想要增加与粉丝的互动，提升粉丝黏性，并希望通过互动升级、数据分析、精准优化等方法达到想要的效果，建立铁粉群为粉丝提供专属福利。请给出具体的操作方法和具体详细的示范案例。==

DeepSeek 解答如下。

1. 互动升级策略（快速激活粉丝）

1) 高频互动活动设计

(1) 方法。
- 每周固定互动日（如"周五话题日"）。
- 分层互动形式：初级互动包括投票（抖音/B站自带投票功能）、选择题（"A or B？评论区见"）；深度互动包括故事征集（"分享您的经历，最佳故事送福利"）、UGC内容共创（粉丝投稿素材）。
- 即时奖励：互动后24小时内发放福利（如电子版资源、直播连麦机会）。

(2) 案例示范。
- 背景：小巩是美妆博主，近期粉丝互动率下降。
- 操作：发布视频时添加投票，如"您觉得夏日底妆最重要的是？A.持妆 B.轻薄 C.防晒"；置顶评论，如"抽 3 位留言的粉丝，送我的同款定妆喷雾"；次日发布投票结果视频，展示粉丝留言截图。
- 效果：单条视频评论量从 50 → 500+，粉丝次日回访率提升 20%。

2）建立"金字塔式"粉丝社群

（1）执行步骤。
- 初级群（免费）：关注即可加入，每周发放 1 次干货资料。
- 中级群（门槛）：需连续互动 3 次，提供直播优先提问权。
- 核心群（邀请制）：年度活跃粉丝，提供每月线下见面会名额。

（2）管理工具。
- 微信社群：用"涂色龙"自动统计成员活跃度。
- QQ 社群：利用"兴趣部落"话题功能。

2．数据分析（精准定位问题）

1）关键数据抓取

（1）操作路径。
- 抖音：创作者服务中心→"粉丝数据"→查看"粉丝活跃时间分布"。
- B 站：创作中心→"观众分析"→"内容消费分时图"。
- 第三方工具：新榜 / 飞瓜数据（免费版）查看竞品互动模式。

（2）需重点关注的方面。
- 互动衰减点：如视频发布后第 3 天互动骤降→需增加"二次唤醒"动作。
- 高流失内容：对比完播率低于 30% 的视频共性（如时长大于 5 分钟）。

2）粉丝分层运营策略

粉丝分类标准示例见表 9-1。

表 9-1　分类标准示例

粉丝类型	特　征	激 活 策 略
沉睡粉	30 天未互动	私信发送专属福利（如"你的专属 9 折券"）
活跃粉	每周点赞	邀请测试新内容（"抢先看下期选题"）
铁粉	每月打赏	生日礼物＋线下活动名额

3．精准优化（以数据驱动调整）

1）内容改造公式

问题类型与解决方案如下。
- 问题为"视频开头 5 秒流失率高"。优化方法：前 3 秒加入"冲突画面＋文字"（如突然放大镜头："停！这个护肤错误 90% 的人在犯！"）。
- 问题为"评论量低但点赞量高"。优化方法：在视频中直接提问（对着镜头说："你们觉得这个方法有用吗？有用扣 1"）。

2）福利体系设计

（1）阶梯式福利案例。

- 基础福利：评论区第 88/188 楼送小礼品。
- 进阶福利：每月互动榜 TOP 3 送定制周边。
- 专属福利：铁粉群提前 24 小时解锁视频。

（2）实操案例。

- 背景：科技博主小巩的直播观看量下降。
- 操作：一是分析数据发现粉丝活跃时段在 20:00—22:00；二是在直播中设置"暗号福利"（如截图某一帧画面并私信领取资料）；三是结束后发布"直播精彩片段"视频，标注"错过福利的扣 666"。
- 效果：单场直播互动量提升 3 倍，新增粉丝群成员 200+。

4．长期黏性维护

1）建立"粉丝成长体系"

- 可视化等级：如"Lv1 萌新 → Lv5 元老"（用 B 站"粉丝勋章"功能）。
- 成就奖励：连续签到 7 天解锁"专属表情包"。

2）定期的"粉丝专属日"

- 每月 1 日发布"粉丝问答视频"。
- 每季度举办"粉丝选题大赛"（投票决定下期内容）。

5．避坑指南

- 避免过度骚扰：每周社群推送不超过 3 次。
- 差异化福利：实物奖品需符合粉丝画像（如学生群体适合的电子资料）。
- 数据追踪：用 Excel 记录每次活动后的粉丝留存率变化。

通过以上方法，某职场博主在 3 个月内实现：粉丝日均互动量 100 → 1500+；30 天粉丝留存率 40% → 68%；铁粉群转化率 15%（行业平均 5%）。

9.3 副业增收

利用国产免费 AI 工具（如搜狐简单 AI、标智客）快速生成专业级海报/Logo，结合智能文案生成功能优化电商页面；通过 5118 关键词工具分析用户需求，用 Canva 可画设计高转化素材，搭配微信指数追踪热点，实现低成本高效运营。例如，某店主用标智客生成"国风 Logo+ 搜狐 AI"促销文案，单月副业增收 2000 元。

9.3.1 AI辅助设计

利用国产 AI 设计工具（如稿定设计、标小智），可快速生成高转化海报/专业 Logo，降低 90% 设计成本。例如，某手工制作店的店主用 AI 生成节日营销素材，单月销量提升

35%，验证 AI 设计在副业增收中的核心价值——零技术门槛实现品牌视觉升级与流量变现。

【案例 9-5】 小丛是一名网络设计师，经常接一些海报与 Logo 设计的工作，基本都是手工设计，工作效率不高。有时忙起来，经常要加班加点才能完成。他希望借助一些 AI 工具进行辅助设计，能让他尽快完成工作任务。

DeepSeek 提示词如下。

请给出 AI 辅助设计（海报与 Logo 生成案例）的具体操作方法和详细步骤，并举例说明。

DeepSeek 解答如下。

以下是利用国产免费 AI 工具进行海报与 Logo 设计的详细操作步骤 + 案例演示，帮助零基础用户快速实现副业增收。

1. AI 海报设计（以稿定设计为例）

1）操作步骤

- 注册登录：访问稿定设计（多场景在线商业设计平台）官网，用微信扫码免费注册。
- 选择模板：搜索场景关键词（如"618 促销海报"），筛选"可商用"模板。
- AI 智能编辑：一键换图，即上传产品图，AI 自动抠图并适配模板；文案优化，即输入卖点（如"夏日防晒霜"），AI 生成 10 多条广告语供选择；配色调整，即单击"智能配色"，根据产品风格自动匹配色系；导出与发布，即下载高清 PNG/JPG 格式，可直接用于朋友圈或电商详情页。

2）案例演示

- 需求：水果店主需设计"荔枝促销海报"。
- 操作：选择"生鲜水果"类模板；上传荔枝照片，AI 自动抠图并放置主视觉区；输入文案"新鲜荔枝 9.9 元 / 斤"，AI 生成标语"夏日限定·爆汁甜糯"；调整配色为"红 + 绿"田园风，15 分钟完成设计。
- 效果：海报点击率提升 40%，当日订单增长 25%。

2. AI Logo 设计（以标小智为例）

1）操作步骤

- 输入关键词：进入标小智（AI 智能 Logo 设计与品牌创建平台）官网，输入品牌名（如"茶小萌"）+ 行业（如"奶茶店"）。
- AI 生成方案：选择风格（如"简约 / 国风"），AI 自动生成 50 多版 Logo 方案。
- 自定义编辑：图形优化，即调整图标（如茶杯形状）的线条粗细；字体匹配，即 AI 推荐商用字体（如"思源宋体"）；配色方案，即根据行业推荐色选择商品配色（餐饮类多用暖色调）。
- 下载与应用：免费下载低清样图，付费 39 元解锁高清源文件（可商用）。

2）案例演示
- 需求：手工制作工作室需设计文艺风 Logo。
- 操作：输入"青禾手工制作 + 手工饰品"，选择"手绘风格"，AI 生成麦穗 + 丝带组合图标；调整主色为"墨绿色"，字体改为"方正清刻本悦宋"，导出 PNG 用于店铺门头。
- 效果：Logo 辨识度提升，线下客流量增加 30%。

3．关键技巧
- 版权规避：使用工具自带的"可商用"素材（稿定设计/标小智均提供）。
- 批量生成：同一产品生成 3~5 版设计，通过朋友圈投票测试最佳方案。
- 成本控制：优先选择"免费下载 + 付费升级"模式（如标小智基础版免费）。

4．变现延伸
- 副业接单：在猪八戒网接单设计服务（报价 50~200 元/单）。
- 模板销售：将成熟模板上传至包图网赚取分成。

通过上述方法，某兼职设计师用 AI 工具月均增收 3000 元以上，耗时仅每天 2 小时。

9.3.2 电商文案与营销策划

电商转化提升常用的三要素是：①痛点文案用"您"字诀直击需求（例如："您还在为穿搭烦恼？"）；②限时促销 + 倒计时制造紧迫感（工具：微盟）；③ AI 辅助优化（例如：用"写作猫"生成多版文案测试）。某母婴店通过"前 50 名赠试用装"话术，转化率提升 35%，投资回报率（return on investment, ROI）增长 2 倍。

【案例 9-6】小丰从事电商文案设计与营销策划工作已经有多年，有时设计的文案不能让客户满意，同时感觉营销策划工作也没有新意。他希望借助 AI 工具改变这种现状。

DeepSeek 提示词如下。

小丰从事电商文案设计与营销策划工作，希望了解提升转化率的技巧，请给出具体的方法，并通过可以实际操作的案例进行说明。

DeepSeek 解答如下。

以下是针对电商文案与营销策划的高转化率技巧与实操案例，结合数据分析和用户心理设计，帮助小丰快速提升业绩。

1．提升转化率的 5 大核心技巧

1）痛点挖掘型文案

（1）方法：常用以下两种方法。
- "您"字法则：直接关联用户需求（例如："您还在为脱发烦恼？这款洗发水 30 天见效"）。
- 场景化描述：还原使用场景（例如："熬夜党必备！这款眼霜让您告别黑眼圈"）。

（2）工具：5118关键词工具（挖掘用户搜索痛点词）。

（3）案例：某护发品牌将文案从"植物精华洗发水"改为"油头救星！3天不洗依然蓬松"，点击率提升50%。

2）限时紧迫感设计

（1）方法：常用以下两种方法。

➢ 倒计时工具：微盟/有赞设置"24小时特价"弹窗。

➢ 库存提示："仅剩最后10件"。

（2）案例：某服装店在详情页添加"前100名赠运费险"，转化率提升27%。

3）信任背书强化

（1）方法：常用以下两种方法。

➢ 数据化证明："已售10万件""95%用户复购"。

➢ 买家秀+视频评测：优先展示带脸真人试用。

（2）案例：某母婴店在详情页顶部插入"1000多位妈妈的选择"数据栏，转化率提升35%。

4）AI辅助优化

（1）方法：包括两个方面。

➢ 工具：写作猫/搜狐简单AI生成多版文案，A/B测试最佳版本。

➢ 应用场景：主图文案、促销弹窗、详情页卖点。

（2）案例：某家电品牌用AI生成"省电30%"对比"每月电费少50元"，测试证明后者点击率高40%。

5）行动指令明确

（1）方法：常用以下两种方法。

➢ 按钮文案：用动词开头（例如："立即抢购""扫码咨询"）

➢ 路径简化：减少跳转步骤（如直接嵌入购买表单）

（2）案例：某课程将"了解详情"按钮改为"0元试听"，转化率翻倍。

2. 完整实操案例：家居用品店铺升级

1）问题诊断

➢ 原详情页：平铺直叙功能描述，转化率仅1.2%。

➢ 数据发现：用户停留时间短，跳出率为65%。

2）优化执行

➢ 标题：从"加厚毛毯"改为"冬季必备！3秒升温，睡觉就暖的澳洲绒毯"。

➢ 首屏设计：添加倒计时，即"限时折扣还剩2小时"；插入信任标，即"销量2万件｜退货率<1%"。

➢ 中段内容：对比图为普通毛毯对比本品（红外线温感测试）；视频展示为模特睡觉实测（时长15秒）。

➢ 结尾：按钮文案为"立即抢购→今晚发货"；赠品提示为"前50名送同款抱枕"。

3）效果
- 转化率从 1.2% 增长到 4.8%。
- 客单价提升 20%（因搭配抱枕促销）。

3．避坑指南
- 避免自嗨文案：少用"行业领先"，多写"您能得到什么"。
- 慎用虚假促销：长期显示"最后一天"会降低信任度。
- 移动端优先：60% 订单来自手机，按钮需足够大。

通过以上方法，某食品店铺 3 周内 ROI 从 1∶1.5 提升至 1∶3.2。

9.4　兴趣拓展：快速剪辑视频并创作海报和城市宣传视频

视频剪辑及海报制作在学习、工作及生活等多个方面都会经常用到，所以掌握相关的工具及方法，不但会带来很多生活乐趣，也能够解决很多实际问题。另外，快速剪辑视频对于制作 Vlog 或者将视频发布到抖音等平台都十分方便。

9.4.1　用剪映、秒剪和快影等App快速剪辑视频

下面介绍在手机中用剪映 App 和秒剪 App 两种工具快速剪辑视频的方法。

1．用剪映App快速剪辑视频

步骤 1　在手机上打开剪映 App，在主界面点击"一键成片"按钮，然后选择 1 个以上视频（本例选择 3 个视频），再点击"下一步"按钮，如图 9-3 所示。

步骤 2　系统提示在上传选择的视频。等待一会儿，提示"成片思路分析完成"。如果对思路内容不满意，可以点击"我想修改"按钮，进行思路分析文字的编辑。如果要用系统提供的思路，则直接点击"用以上思路去成片"按钮，如图 9-4 所示。

步骤 3　接着开始生成视频，等待一会儿，则可以点击下面一排图标预览视频效果（图 9-5），对于预览满意的视频，可以点击"导出"按钮，并点击"无水印保存并分享"按钮。保存操作完成后，会询问是否打开抖音（图 9-6），如果点击"打开"按钮，则会打开抖音并将当前视频上传到自己的抖音号上，也可以分享到小红书、微信视频号等平台中；如果点击"取消"按钮，再点击左上角的"返回"按钮，就会返回图 9-5 的界面，继续选择其他视频并下载。

步骤 4　默认会生成 10 个视频，点击下面列表中的"更多"按钮，可以生成更多视频。

操作小贴士：利用一键成片功能提供 3 个以上视频时产生的变化效果会更加丰富。另外，该功能生成的视频会自动配音或者配乐。创作时只能修改创作思路，其他解说词或者音乐等基本自动生成。

另外，利用剪映中的"剪同款"功能，可以快速剪辑出与选择模板同类型的视频效果。利用其他工具的"AI 剪视频"功能，可以替换原来的语音并设置不同的字幕。

第 9 章　增收与就业（AI 赋能新机会）

图 9-3　选择多个视频　　图 9-4　成片思路分析完成　　图 9-5　预览生成的视频　　图 9-6　导出成功

2．用秒剪App快速剪辑视频

秒剪 App 是由腾讯公司开发的工具，是专为短视频平台优化的剪辑工具，支持一键发布到微信视频号等功能。秒剪 App 主界面如图 9-7 所示，下面介绍相关功能。

1）顶部功能区

➤ 视频剪辑：点击后可进入视频编辑界面，支持从相册导入素材进行裁剪、调整、添加特效等基础编辑操作。例如，用户拍摄了一段旅行视频后，可通过此功能进行剪辑，删除不需要的片段。

➤ 文字转视频：输入文字内容，秒剪 App 会自动为其配图并生成带语音的视频。例如，想制作一个产品介绍视频但没有拍摄素材，可以直接输入产品描述，秒剪 App 会自动生成相关视频。

2）快捷创作模式

➤ AI自动配图：系统自动为用户选择适合的图片素材。适用于没有自己素材库的用户快速生成视频。

➤ 公众号转视频：专为公众号运营者设计，可将公众号文章内容转换为短视频，方便在社交媒体传播。

➤ AI 漫画视频：一键将文字或图片内容转换成漫画风格的视频，特别适合制作小说解说或故事分享类内容。

图 9-7　秒剪 App 主界面

- 自动字幕：智能识别视频中的语音内容并自动生成字幕，完全免费使用。适用于外语视频添加字幕或方便听力障碍人士观看。
- 电影感短片：提供电影级别的滤镜和配乐，一键生成具有专业质感的短视频。例如，将家庭聚会视频转换为具有影院效果的作品。
- 带货视频：内置电商文案和特效，帮助用户快速制作商品推广视频。适合电商从业者或个体商户。
- 快闪卡点：配合定制音乐制作节奏感强烈的短视频，风格类似于流行的INS（Instagram的缩写，全球知名的图片/视频分享社交平台）卡点视频。
- 配文视频：为视频轻松添加各种样式和动态效果的文字，增强表达力。例如，教程视频中添加步骤说明。
- 视频拼图：将多个视频片段拼接在一起，提供多种极简风格的排版和文艺滤镜效果。
- 语音片头：为视频添加特色开场语音，使视频更具吸引力。例如，个人Vlog使用专属开场白。

3）底部导航栏
- 创作：显示主界面页面，用于视频创作和编辑。
- 模板：提供各种预设的视频模板，简化创作过程。
- 我的视频：查看和管理自己已经创建的视频作品。

这款App的主要特点是功能全面且操作简便，适合从专业创作者到普通用户的各类人群，无需深入学习即可快速制作出专业感十足的视频内容。

下面通过实例说明如何使用该工具的"AI漫画视频"功能将小说转为视频，从而进行短视频的快速剪辑和创作。

步骤1　在DeepSeek中输入提示词："请创作一部200字的短篇小说，时代背景为宋代，文字幽默，具有启发性和积极意义。"

故事主要输出内容如下。

东坡卖瓜

宋神宗年间，苏轼被贬黄州，见市集瓜农叫卖声嘶力竭却无人问津，便摇扇上前："老丈，吾有一计——此瓜改名'东坡瓜'，如何？"瓜农嗤笑："瓜还是瓜，凭啥涨价？"苏轼掏笔在瓜皮题诗："皮厚能藏万卷书，腹甜可解百官愁。"路人哄笑围观，顷刻售罄。

次日，瓜农寻至草堂："大人，瓜卖光了，可诗被洗了！"苏轼大笑："诗在肚里，瓜在口中。人活一世，甜自心生。"

步骤2　在秒剪App主界面点击"AI漫画视频"功能，进入"输入文字生成配音"界面。在文本框中输入用DeepSeek生成的小说内容，点击"完成"按钮。再在"AI自动配图"选项区点击选择"中国风"类型，如图9-8所示。

步骤3　点击"下一步"按钮，进入"确认视频形式"界面。"选择音色"设为"解说小哥（男）"，"语速"设为 1.0x（用手拖动中间的白色圆圈，值大表示语速快），"选择视频比例"设为"4：3"，如图 9-9 所示。

步骤 4　点击"制作视频"按钮，进入"剪辑"界面，此时可以剪辑画面，修改解说词，或者添加音乐、滤镜、特效、素材等。最后点击"保存"按钮，表示视频创作完会保存到手机中，如图 9-10 所示。

步骤 5　接下来开始创作视频，等待一段时间，视频创作完成后，可以分享到微信朋友圈或者微信视频号中。直接点击"完成"按钮，则整个视频创作完成，如图 9-11 所示。

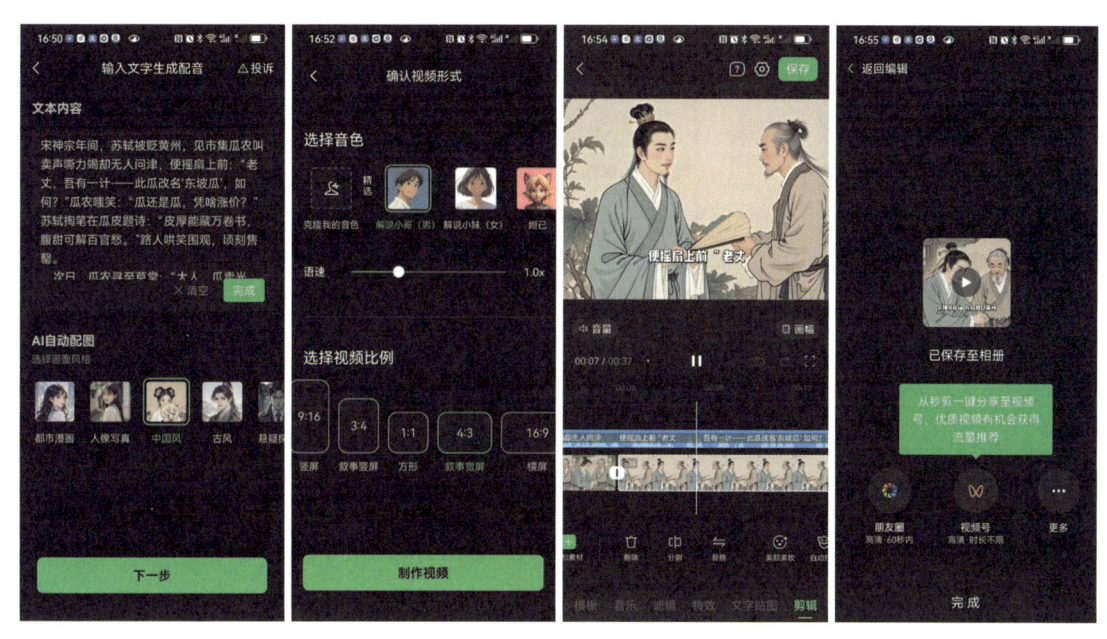

图 9-8　输入小说内容　　图 9-9　选择音色、语速和视频比例　　图 9-10　剪辑界面　　图 9-11　视频创作完成

3. 用快影App快速剪辑视频

快影 App 是由北京快手科技有限公司推出的一款视频拍摄、剪辑和制作工具，生成的视频可以直接分享到自己的快手账号中。快影 App 提供了一键出片、文案成片、AI 创作、营销工具（包括营销成片、营销商品图、营销文案）等多种功能，可以通过文案、语音、图片、视频等多种创作方式进行创作。

下面通过"剪同款"功能说明快速剪辑的方法。

步骤 1　打开快影 App 主界面，如图 9-12 所示，从底部选择"剪同款"功能，打开"剪同款"界面。

步骤 2　在"剪同款"界面中找到"手绘画特效"一项作为视频模板，如图 9-13 所示。点击图片进入编辑界面，如图 9-14 所示。

步骤 3　点击"制作同款"按钮，从手机资源库中选择一幅男青年穿羽绒服的图片，同时选一个超过 6.6s 的景色视频,点击"选好了"按钮,则开始生成视频。视频制作完成,会显示"做好了"按钮,如图 9-15 所示,点击该按钮即可保存或者分享视频。

图 9-12　快影 App 主界面　　图 9-13　选择视频模板　　图 9-14　视频模板效果　　图 9-15　"剪同款"效果

9.4.2　用即梦AI和剪映App快速制作海报

下面介绍在手机中用即梦 AI 和剪映 App 两种工具快速制作海报的方法。

1．用即梦AI快速剪辑视频

下面制作桃子促销海报。

步骤 1　在手机中打开即梦 AI,在主界面下方选择"灵感"功能,再点击顶部的"搜索"按钮,输入"水果海报设计",点击"搜索"按钮,从下面的海报列表中找出满意的一款草莓海报,如图 9-16 所示。

步骤 2　点击选中的草莓海报将其打开,然后点击"做同款"按钮,如图 9-17 所示。

步骤 3　在打开的界面中编辑提示词,将部分文字修改为适合桃子的表达方式,如图 9-18 所示。

下面的内容展示了生成图片的提示词,有下划线的是原始内容,括号内是替换内容。

画面中央摆放着一个精致的木质托盘,上面满满当当堆着色泽红润、饱满诱人的<u>草莓</u>(桃子),其中几颗<u>草莓（几个桃子）</u>被轻轻<u>咬了一口（切开）</u>,露出鲜嫩多汁的果肉,汁水欲滴。旁边还散落着几片翠绿的叶子。背景是一片柔和的浅粉色,营造出温馨甜蜜的氛围。右下角有一些若隐若现的金色光斑,增添梦幻感。

文字位置与内容如下。

（1）海报上方居中：使用较大的、带有立体效果和淡红色光晕的字体写着"甜蜜限时抢,草莓（桃子）别错过"。

（2）托盘左侧空白处："这爆汁鲜嫩的草莓（桃子），颗颗（个个）娇艳欲滴，浓郁奶香（香甜）直钻鼻尖。"这部分文字中，"爆汁""鲜嫩""娇艳欲滴""奶香"（香甜）用黄色且带有发光效果的字体突出显示；其他文字用白色字体，大小适中。

"限时3天，直降10元，错过这次，再等一季！"其中"3天""10元"用红色且带有闪烁效果的字体，增强紧迫感，其他文字用白色字体。

（3）海报右下角：用橙色且带有光晕效果的字体写着："仅剩50份，速来抢购，手慢无！""50份""抢购"用更大一号的字体并强化发光效果，吸引大家的目光。

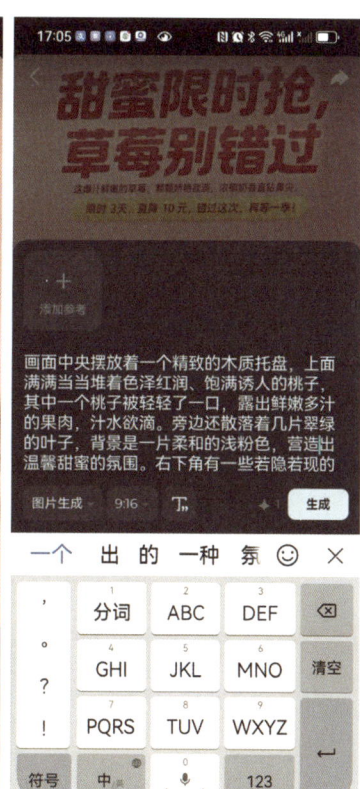

图 9-16　搜索水果海报　　　图 9-17　选中的草莓海报　　　图 9-18　修改提示词

步骤4　点击"生成"按钮，则开始按照提示词生成图片，其中一幅图片如图 9-19（a）所示。如果对生成的图片不满意，可以重新生成。

🐳 **操作小贴士：** 从生成的图片可以看出，按照同款制作方法生成的图片中的文字与提示词有一定出入，有时多次生成也无法令人满意。此时可以根据实际需要再修改图片，适当补充或者修改相关广告词。比如可以用剪映App"图片设计"功能或者Photoshop快速添加缺少的文字，如图 9-19 的（b）和（c）所示。

(a) 即梦 AI 生成的图片　　　(b) 剪映 App "图片设计" 功能处理的图片　　　(c) Photoshop 中添加文字

图 9-19　即梦 AI 生成的图片及后期添加文字后的效果

2．用剪映App快速制作海报

下面制作五一劳动节的海报。

步骤 1　在剪映 App 的主界面中，从底部选择"图片设计"功能，如图 9-20 所示。

步骤 2　从"精选"类别的列表中选择"五一劳动节"的海报，并点击界面底部的"编辑"按钮，则进入海报的编辑状态，如图 9-21 所示。

步骤 3　点击海报图片将其选中，再点击界面底部的"替换图片"按钮，然后从手机上选择一幅图片将其替换，如图 9-22 所示。此时由于上面 4 行文字的颜色与图片背景颜色过于接近，显示效果不好，需要修改。

步骤 4　点击选中"五一劳动节"几个字，在选择框中再点击一下，进入文字的编辑状态，然后选择"花字"中偏白色的字。按照类似的方法，分别为"致敬劳动者""每一份耕耘都会有收获"设置不同的花字。

步骤 5　最后点击"导出"按钮，将海报保存到手机中。海报最终效果如图 9-23 所示。

9.4.3　创作城市宣传视频

下面综合应用豆包、即梦 AI 并结合剪映 App 的多种功能创作城市宣传视频。该宣传片以济南市为例进行说明。该宣传片制作划分为三部分内容：第一部分是生成视频文案和配音内容，第二部分是制作图片和视频，第三部分是制作片头和片尾视频。最终合成所有视频。

1．生成视频文案和配音内容

步骤 1　打开 DeepSeek，输入提示词："我要制作济南市的宣传片，给出一组生成镜头的提示词，能够体现济南的主要景观和特色。"

步骤 2　在 DeepSeek 输出镜头文案内容基础上，根据最终生成的效果，适当进行一些修改（重点修改了"人文印记"部分，因为文字生成效果不太好），最终内容如下。

图 9-20　选择"图片设计"功能　　图 9-21　进入海报的编辑状态　　图 9-22　替换图片　　图 9-23　最终效果

以下是基于济南自然与人文特色的宣传片镜头提示词,涵盖泉水、山色、历史文化和现代活力,适合分场景生成视觉画面。

（1）泉水之韵。

趵突腾空：三股泉眼喷涌如轮,水雾氤氲中阳光折射出彩虹,慢镜头捕捉水珠坠入碧潭的瞬间。

黑虎啸月：夜色下黑虎泉兽首吐水如雷,周围市民打水、品茶,展现泉城生活烟火气。

珍珠浮翠：俯拍珍珠泉池底气泡升腾如串明珠,搭配岸边垂柳倒影,无人机环绕拉升至泉城广场全景。

（2）湖山胜景。

明湖泛舟：晨曦中画舫穿行荷田,特写露珠滑过莲叶,远景千佛山倒映湖面,偶有白鹭掠过。

鹊华烟雨：雨雾朦胧下,无人机穿越黄河俯拍鹊山与华山遥相对望,水墨风格调色还原《鹊华秋色图》意境。

龙洞探幽：阳光穿透独秀峰锦屏岩,岩壁隋代佛像与钟乳石光影交错,登山者背影融入层林尽染的春晓画卷。

（3）人文印记。

漱玉遗韵：穿蓝布衫的姑娘蹲在溪边洗砚台,镜头掠过水面倒影里的碑帖摊,突然有琵琶声从茶馆二楼飘下来,惊飞了正在啄食的麻雀。

流泉穿巷：晨光中水藻摇曳石渠,锦鲤水中游动,远景琵琶桥串起珍珠泉群,忽见群鸟飞过。

二安风华：辛弃疾骑马雕塑与镜头远处的李清照词碑同框，叠化杂技演员空翻跃过趵突泉水面，传统与现代艺术交融。

（4）现代活力。

星河CBD：延时摄影下奥体中心灯光与泉城之根绿地中心同步点亮，车流光影在经十路划出金色动脉。

青春赛道：槐荫区智能健身步道上，年轻人与智能屏幕互动跑步，背景匡山公园篮球场动态剪影。

元宇宙泉城：AR技术叠加虚拟泉水漫流过解放阁，历史建筑与数字粒子共舞。

分镜逻辑建议（略）。

步骤3 在DeepSeek中输入如下提示词："给出上面所有镜头的旁白提示词。每个标题对应的旁白提示词是10秒的解说内容。"则DeepSeek给出的旁白提示词如下（略有修改）。

以下是针对每个镜头的10秒旁白提示词，兼顾诗意表达与信息浓缩，符合宣传片短句节奏。

（1）泉水之韵。

趵突腾空：作为"天下第一泉"，趵突泉三股清泉昼夜喷涌，声若隐雷。冬日水汽氤氲如仙境。

黑虎啸月：泉池周边居民泉边打水声里，藏着老济南的市井温情，石阶上的水痕刻满市井记忆。

珍珠浮翠：珠玑翻涌，柳影摇波，气泡遇阳光折射幻化七彩，一池碧水倒映整座城的灵动。

（2）湖山胜景。

明湖泛舟：大明湖六朝烟水涵养着历下亭等名胜。一城山色半城湖，莲舟划过，惊醒了水墨丹青。

鹊华烟雨：黄河奔流，双峰对望，烟雨晕染出赵孟頫的笔意。阡陌村落宛如水墨长卷徐徐展开。

龙洞探幽：佛光与钟乳共舞，龙洞山的褶皱里，刻着时光密码。地质奇观与人文遗迹在此完美交融。

（3）人文印记。

漱玉遗韵：漱玉泉边，易安曾对镜梳妆，一阕清词，滴落宋韵的珠玑。泉水叮咚中似诗人在吟诵。

流泉穿巷：曲水亭街泉水潺潺流过。青石板上，泉水漫过脚边，垂杨拂瓦，淌成市井的诗行。

二安风华：辛词豪放，李词婉约，二安故里的风骨从未褪色。豪放派与婉约派的吟诵穿越时空对话。

(4) 现代活力。

星河 CBD：经十路两侧"山"字形高楼群在夜间化作光幕画布，是泉城跳动的脉搏，奔向未来。

青春赛道：智慧跑道闪烁，途经百年商埠区与汉峪金谷的时空隧道，年轻的身影正刷新城市加速度。

元宇宙泉城：元宇宙体验馆里复原了北宋齐州城，解放阁也遇见了数字星河，历史与未来在此相拥。

---------- 旁白设计技巧 ----------

钩子句式：用"藏/惊/刻/奔"等动词制造听觉记忆点；

数字具象：如"三股水""双峰""二安"，强化认知；

时空交错：将历史人物（杜甫）、艺术名作（《鹊华秋色图》）与现代场景并置，呼应"古今对话"主题。

可根据画面节奏调整语速，重点镜头（如趵突泉、CBD）可加重尾韵，配合水流声或电子音效增强沉浸感。

2．制作图片和视频

步骤1 在计算机中选择豆包中的"图像生成"功能，然后将以上镜头文案内容直接复制到提示词输入框中，在"比例"选项中选择"16：9桌面壁纸，风景"，其他选项用默认值，单击"发送"按钮，则开始批量生成图片。满意的图片直接下载并保存，不满意的图片可以重新生成。如果要消除照片水印和提高清晰度，可以到百度AI+界面中选择"画图修图"功能，依次处理照片。最终的照片效果如图9-24所示。

🎤 **操作小贴士**：豆包图像生成功能新版本为CreationAgent V1.0 Beta（或称"超能创意1.0"），在2025年4月底至5月初进行灰度测试。该版本可以一次性批量生成最多20幅图片。

另外，"人文印记"部分内容对应的图片可以选择用即梦AI中的"图片3.0"生图模型生成，文字生成效果更加理想。不理想的图片可以适当用其他工具进行后期处理。

(a) 趵突腾空　　　　　　　　　　(b) 黑虎啸月

图9-24　生成的12幅图片效果

(c) 珍珠浮翠 　　　　　　　　　　　　(d) 明湖泛舟

(e) 鹊华烟雨 　　　　　　　　　　　　(f) 龙洞探幽

(g) 漱玉遗韵 　　　　　　　　　　　　(h) 流泉穿巷

(i) 二安风华 　　　　　　　　　　　　(j) 星河 CBD

(k) 青春赛道 　　　　　　　　　　　　(l) 元宇宙泉城

图 9-24（续）

步骤2 在即梦 AI 中生成第一个视频。在计算机上用浏览器打开即梦 AI 的主页,选择"视频生成"→"图片生视频"功能,单击"上传图片"按钮,上传第一幅图片。将视频文案"趵突腾空"部分的文字复制到提示词输入框中,"视频模型"选择"视频 3.0","生成时长"选择 10s,"视频比例"用默认的"自动匹配",如图 9-25 所示。单击"生成视频"按钮,则开始生成视频。

图 9-25 设置第一个视频的生成参数

步骤3 完成视频生成后,单击视频上面的"播放"按钮▶播放视频。如果对视频满意,可以单击"提升分辨率"HD按钮提升视频的清晰度,如图 9-26 所示。然后可以单击视频右上角的"下载"按钮下载视频。

图 9-26 生成视频并提升分辨率

步骤4 按照该部分步骤2和步骤3的方法,可以生成其他视频。每次需要先单击"上传图片"按钮右边的"删除"按钮,将前面的图片删除,再重新上传新的图片。同时用新的提示词替代前面用的提示词,然后单击"生成视频"按钮即可。生成视频如果满意就下载保存起来。

步骤5 在剪映中为视频添加解说词。在计算机上打开剪映专业版,单击"开始创作"

按钮,在"素材"设置界面中单击"导入"按钮,导入第一个视频"1.趵突腾空.mp4",再将该视频拖入时间轴中,如图9-27所示。

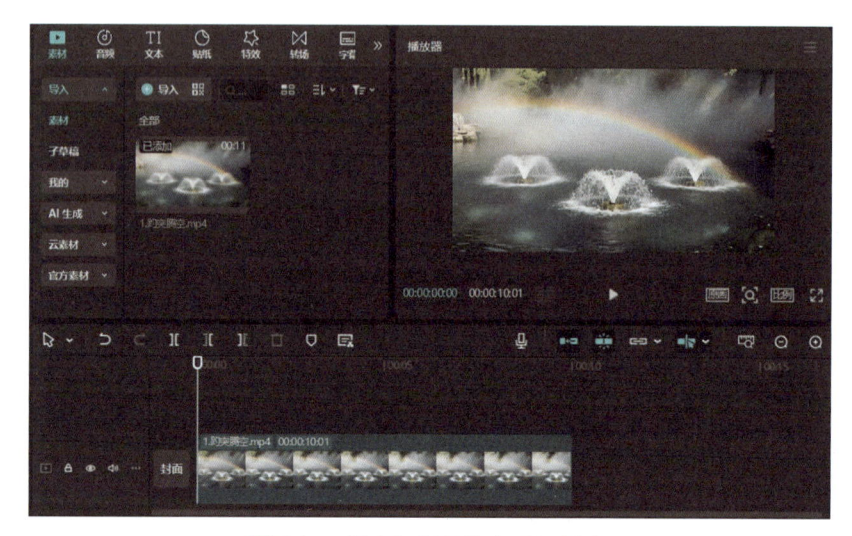

图9-27　插入视频并拖入时间轴中

步骤6　将播放指针放到视频轨道开始位置。从主菜单中选择"文本"命令,在"添加文本"面板中单击"添加口播稿"按钮,如图9-28所示。再在打开的"添加口播稿"对话框中输入第一句解说词:"三股水喷涌千年,这是天下第一泉的生命礼赞。"然后单击"配音"按钮 配音,在右边窗格中选择"云泽大叔",如图9-29所示。最后单击"添加到轨道"按钮,将解说词和配音加到时间轴中并关闭对话框。

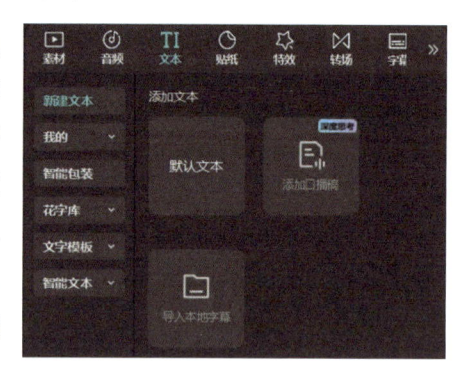

图9-28　单击"添加口播稿"按钮

图9-29　"添加口播稿"对话框

步骤 7　此时发现在"播放器"窗口中显示的字幕文字有些太大,可以在"播放器"窗口中将字幕选中,然后调整文字大小和样式。在主窗口右边"文本"→"基础"选项卡中找到"字号"选项,在编辑框中将数字修改为 5(表示用 5 号字),再在"预设样式"选项区选择黑底白色字体样式,如图 9-30 所示。接着在"位置大小"选项区的"位置"选项中设置 Y 值为 -900,则字幕位于靠下居中的位置,如图 9-31 所示。

图 9-30　调整字幕文字的大小、样式

步骤 8　单击主界面右上角的"导出"按钮,在打开的"导出"对话框中设置"标题"为"1. 趵突腾空",在"导出至"选项中选择保存文件的位置,"分辨率"选择 1080P,其他选项选择默认设置,如图 9-32 所示。如果是会员,直接单击"导出"按钮导出;如果不是会员,需要转换为会员后才能导出视频,方法是单击"开通会员并导出"按钮,然后选择合适的费用并扫码缴费(后期可以取消自动续费功能),才能导出视频。

至此,第一个视频的字幕和配音就设置好了。

步骤 9　按照步骤 6～步骤 8 的方法,为其他 11 个视频分别添加字幕和配音,并导出视频进行保存。

步骤 10　将 12 个视频放到一个文件夹中,排列好前后顺序。重新打开剪映创作界面,将视频导入素材库中。再在素材库中将视频全部选中,一起拖拉到轨道区。检查一下,如果有顺序不对的,可以在时间轴轨道中直接拖动的方法调整位置。最后导出为一个完整视频。

图 9-31　设置字幕位置

图 9-32 "导出"对话框

📢 **操作小贴士**：添加字幕后，有时出现两段字幕相接时前后重叠的情况，此时在时间轴轨道中将后面的字幕略微向后拖拉一下，使其开始位置与前一段字幕的尾部对齐，也可以直接拖入同一个轨道上接排内容。

3. 制作片头和片尾视频并合成视频

1）制作片头

步骤 1　在计算机中打开剪映软件，导入一个黑色背景的 4s 视频，并将其拖到时间轴轨道中。

步骤 2　将播放指针移动到轨道开始位置。在主工具栏中单击"文本"图标，在"添加文本"窗格中单击"默认文本"中的"加号"按钮 ➕ ，将文本添加到时间轴中；然后在右边"文本"→"基础"选项卡的文本编辑框或者播放器的文本编辑框中输入"泉城济南欢迎您"，并拖拉文字边框，将文字放大到其宽度接近播放器的宽度；字体采用默认的白色即可。再拖动文本轨道的尾部，使其与视频轨道尾部对齐，如图 9-33 所示。然后将视频命名为"纯黑色片头文字"后导出备用。

步骤 3　重新开始创作一个视频，导入一张济南大明湖的照片并添加到轨道中。再导入制作好的"纯黑色片头文字"的视频，将其拖入图片所在轨道上面。然后在右边"文本"→"基础"选项卡中勾选"混合"选项（默认是勾选），在"混合模式"选项中选择"正

片叠底"选项,此时发现是底图透过白色文字部分显示出来,黑色部分没有显示,如图3-34所示。

图9-33　在纯黑色背景的视频中添加文字

操作小贴士：此处黑色表示全部遮挡底图,白色表示全部透明,介于黑色与白色之间的颜色则根据灰度值来决定透明程度如何。所以步骤2中设计黑色底的文字时,要保证黑色底是真正的纯黑色（R、G、B值均为0）,否则遮挡底图效果不好。

另外,在手机上使用剪映App的"混合模式"选项时,需要用"画中画"功能导入黑色白字的视频。

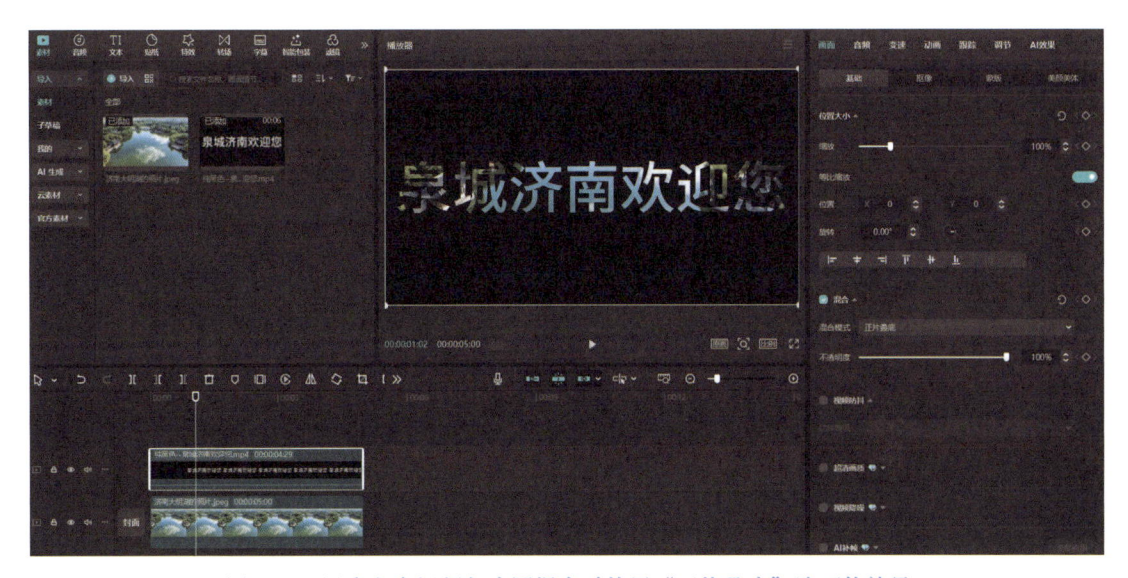

图9-34　黑底白字视频与底图混合时使用"正片叠底"选项的效果

步骤4　仍然选择文本轨道。在右边"画面"→"蒙版"选项卡中单击"添加蒙版"

按钮 ➕ 添加蒙版，选择"线性蒙版"，此时的显示如图 9-35 所示。

图 9-35　选择"线性蒙版"的效果

💡 **操作小贴士**：线性蒙版会在画面中生成一条直线，直线将画面分为上、下两部分。其中，浅灰色部分是显示区域，而深灰色部分是遮挡区域。通过调整线性蒙版的位置、角度和羽化值等，可以灵活控制上下两部分的显示与遮挡范围，从而实现各种创意效果。例如，想要制作一个上下分屏效果，就可以将线性蒙版的线调整到画面中间位置，让上下两个视频素材分别显示一半。

步骤 5　将播放指针放到时间轴最前面。在文字视频轨道上右击并从快捷菜单中选择"复制"命令（快捷键 Ctrl+C），再右击并选择"粘贴"命令（快捷键 Ctrl+V），则时间轴中会添加一个文字视频轨道，将该视频轨道与第一个文字视频轨道前端对齐。

步骤 6　在时间轴中选中该视频轨道，在右边"画面"→"蒙版"选项卡中仍然选择"线性蒙版"。在"旋转"选项中输入 180.0°，表示使"线性蒙版"的遮挡区域反转，此时文字的下半部分也显示出来，如图 9-36 所示。

💡 **操作小贴士**：手机中的剪映 App 用蒙版中的"反转"选项可以替代此处的"旋转"选项设置的 180.0° 的效果。

步骤 7　将播放指针移动到 2s 位置，先选择下面第一个文字视频轨道，然后在右边"画面"→"基础"选项卡的"位置大小"选项中单击最右边的关键帧按钮 ◆◇▶，添加一个关键帧，此时关键帧按钮会变为蓝色，在轨道中也会添加一个白色菱形标识。按照同样方法，在 4s 位置也添加一个关键帧，然后将其对应的文字向上拖拉到播放器画面外。

再选择上面的第二个视频轨道，在 2s 和 4s 位置也添加关键帧，并在 4s 关键帧位置将文字向下拖拉到播放器画面外。

此时的显示如图 9-37 所示。

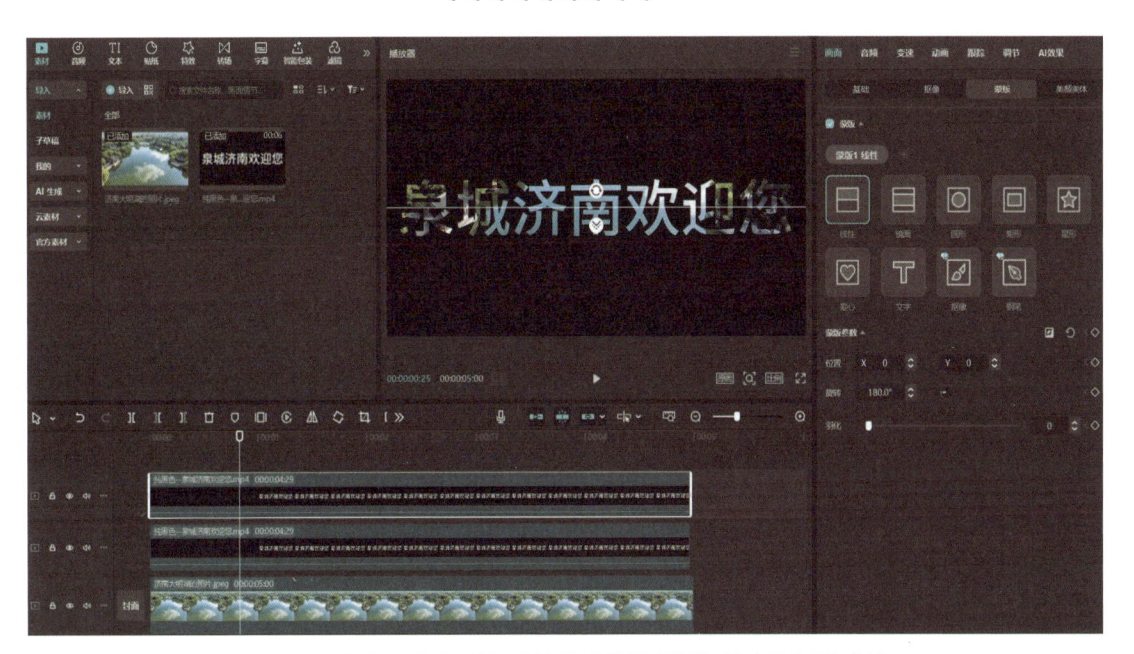

图 9-36　复制文字视频轨道并使"线性蒙版"的遮挡区域反转

图 9-37　为两个视频设置关键帧

步骤 8　选中第一个文字视频轨道,然后在右边"动画"选项卡中选择"闪现"动画,如图 9-38 所示。按照同样的方法为第二个视频轨道也设置"闪现"动画。

步骤 9　将播放指针移动到时间轴最前面,在主界面左上角选择"特效"功能,再选择"白鸽"特效并单击上面的"加号",则该特效添加到时间轴中。拖动对应的轨道将其延长到 4.05s。

最后将所有轨道中的内容都裁剪为 4.05s,则整个片头制作完毕,如图 9-39 所示。最后将片头视频导出即可。

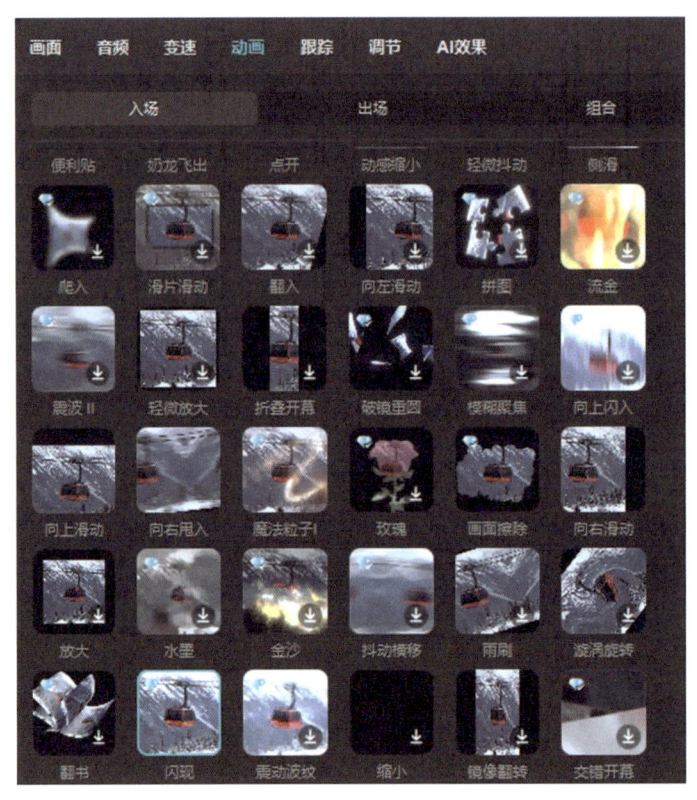

图 9-38　设置动画

图 9-39　设置特效并裁剪所有轨道中的内容

2）制作片尾

步骤 1　在计算机中打开剪映软件，导入济南大明湖的另外一幅图片，并将其拖入时间轴轨道中，然后在轨道中拖拉图片尾部，将时长设置为 3s。

步骤 2　将播放指针移动到轨道开始位置。在主工具栏中单击"文本"图标，在"添

加文本"窗格中单击"默认文本"中的"加号"按钮➕,将文本添加到轨道中;然后在右边"文本"→"基础"选项卡的文本编辑框输入 THE END,设置字号为 15,在"预设样式"中选择蓝色框、白色底的字体🆃。再在播放器中拖动文本,将其放置到屏幕中心位置。

步骤 3　在剪映主界面左上角菜单中选择"贴纸"命令,再选择"贴纸库"→"奶龙"类别,在贴纸列表中找到"感谢观看"的贴纸,然后拖入时间轴轨道中,设置其尾部与图片轨道尾部对齐。在播放器中将其位置调整到左上角。

按照同样方法,在"互动"贴纸类别中找到"点赞+关注"贴纸,也拖入时间轴轨道中,尾部与其他轨道对齐。再在播放器中将其调整到右上角,如图 9-40 所示。

图 9-40　添加文字和贴纸并调整位置

步骤 4　将播放指针移动到时间轴轨道开始位置。选中 THE END 文本轨道,然后在右边"文本"→"基础"选项卡的"缩放"选项中单击最右边的关键帧按钮◇,为文本轨道添加一个关键帧;再将缩放值设置为 1%,此时文本在播放器中几乎看不到,如图 9-41 所示。

按照同样方法,在文本轨道 2s 位置也添加一个缩放关键帧,然后将缩放值设置为 100%,此时文本正常显示出来。

步骤 5　让播放指针仍停留在文本轨道 2s 位置,在右边"文本"→"基础"选项卡的"描边"选项区的"颜色"选项中,单击最右边的关键帧按钮◇,添加一个关键帧;再将播放指针移动到文本轨道最后,按照同样方法为"描边"选项区的"颜色"选项添加一个

关键帧，同时单击"颜色"下拉列表框，设置颜色为深绿色，如图 9-42 所示，这样视频从 2s 到 3s 时文本的外边框颜色会由浅蓝色变为深绿色。

图 9-41 在文本轨道开始位置添加"缩放"关键帧并设置缩放值为 1%

图 9-42 为"描边"选项区的"颜色"选项添加关键帧并改变颜色

步骤 6 将播放指针移动到轨道开始位置，从主界面左上角选择"特效"→"画面特效"→"氛围"类别，然后找到"火花"特效，将其拖入时间轴轨道中。添加特效后的效果如图 9-43 所示。最后将视频导出。

3）合成视频

步骤 1 先通过模板制作一个开场视频。在计算机中打开剪映软件，从左侧菜单中选择"模板"命令，然后在顶部搜索框中搜索"花式创意开场"（输入汉字的拼音首字母即可），从下面的列表中找到一个满意的视频并将光标移动到上面，在显示的弹出窗中单击"使用模板"按钮,如图 9-44 所示。此时该视频就添加到了时间轴轨道中。

图 9-43 添加特效后的效果

图 9-44 单击"使用模板"按钮

步骤2　单击时间轴视频轨道上面的图片标识图标,上面有"替换"两字,如图9-45所示。然后选择制作片头时使用的大明湖图片,将现在的图片替换掉,则显示如图9-46所示。最后将视频导出即可。

图9-45　准备替换图片

图9-46　开场视频替换背景后的效果

步骤3　将开场视频、片头视频、合成视频、片尾视频放到一个文件夹中,全部选中并通过"导入"按钮导入剪映素材库中,再从剪映素材库中将所有视频拖入时间轴轨道中,并调整好前后顺序。

步骤4　将播放指针移动到片头视频轨道开始位置,在主界面左上角选择"音频"→"音乐库"→"纯音乐",从列表中选择"轻音乐(释怀)",然后单击该音乐图片右下角的"加号"按钮，将音乐添加到时间轴轨道中。

步骤5　将播放指针移动到视频轨道结束位置,选择音乐轨道,单击"分割"按钮分割音乐轨道,然后按 Delete 键将后面的音乐轨道删除。再在右边"基础"选项卡中选中"基础"选项,将"音量"选项值设置为 -15.0dB,这样不会因为音乐声过大而影响配音效果。

第 9 章 增收与就业（AI 赋能新机会）

此时的显示如图 9-47 所示。

步骤 6 最后为视频设置一个封面，如图 9-48 所示。然后播放一下视频看看效果，如果没有问题，就将视频导出。

至此，一个完整的城市宣传视频制作完毕。

图 9-47 加入轻音乐并删除多余部分

图 9-48 视频封面

参 考 文 献

[1] 李艮基. DeepSeek 实用操作手册（微课视频版）[M]. 北京：清华大学出版社，2025.

[2] 刘典. 高效玩转 DeepSeek[M]. 北京：北京联合出版有限公司，2025.

[3] 孟健. DeepSeek 极简入门与应用 [M]. 北京：电子工业出版社，2025.

[4] 古月. 剪映即梦 AI 绘画与视频生成从入门到实践 [M]. 北京：清华大学出版社，2025.

[5] 王丽婷,段丽梅,涂雯倩. 剪映专业版：短视频创作案例教程（全彩慕课版）[M]. 北京：人民邮电出版社，2024.